山东栖霞牟氏庄园规划与保护研究

朱宇华　严新兵　著

學苑出版社

图书在版编目（CIP）数据

山东栖霞牟氏庄园规划与保护研究 / 朱宇华，严新兵著 . —北京：学苑出版社，2023.5

ISBN 978-7-5077-6628-8

Ⅰ. ①山… Ⅱ. ①朱… ②严… Ⅲ. ①古建筑 - 文物保护 - 研究 - 栖霞 Ⅳ. ① TU-87

中国国家版本馆 CIP 数据核字（2023）第 058525 号

出 版 人： 洪文雄
责任编辑： 魏　桦　周　鼎
出版发行： 学苑出版社
社　　址： 北京市丰台区南方庄2号院1号楼
邮政编码： 100079
网　　址： www.book001.com
电子信箱： xueyuanpress@163.com
联系电话： 010-67601101（营销部）、010-67603091（总编室）
经　　销： 全国新华书店
印 刷 厂： 英格拉姆印刷（固安）有限公司
开本尺寸： 889 × 1194　1/16
印　　张： 11.75
字　　数： 167千字
版　　次： 2023年5月第1版
印　　次： 2023年5月第1次印刷
定　　价： 360.00元

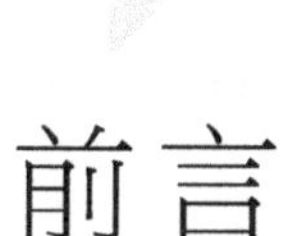

前言

牟氏庄园位于山东省栖霞市城北古镇都村。1988年被公布为全国重点文物保护单位。牟氏庄园建筑群规模恢宏，古朴壮观，目前保存厅堂楼厢480多间，占地两万余平方米，是中国现存规模较大、保存最完整的封建地主庄园之一。

牟氏庄园总共分为六组大院，各成体系又相对封闭，日新堂是整个牟氏庄园中建设最早的建筑，又称为“老柜”，西忠来、东忠来、南忠来、宝善堂、师古堂（阜有堂）都是围绕着日新堂而展开的，形成一种向心凝聚的院落组群体系。每组大院都沿南北中轴线依次建为南群房、平房、客厅、大楼、小楼、北群及东西群厢多进四合院落，形成一套完整的具有典型的胶东地区北方民居建筑特色的古建筑群。庄园建造工艺独特，雕刻砌凿，工艺细腻精湛，明柱花窗，美妙绝伦。牟氏庄园生动地反映了以胶东半岛为代表的中国北方农业生产习俗、家族习俗、衣食住行、人生礼仪习俗、节庆习俗等古老的民俗事象。牟氏庄园以其恢宏的规模，深厚的内涵，被诸多专家学者评价为“传统建筑之瑰宝”“中国民间小故宫”“六百年旺气之所在”，现已成为闻名遐迩的旅游观光胜地。

牟氏庄园的修建从清雍正元年（1723年）到民国二十四年（1935年），前后经历了近两百多年的时间，历史悠久，具有重要历史价值。体现了当地民间历史文化的积淀，作为我国北方规模最大的地主庄园，牟氏庄园是中国封建社会土地制度的产物，它的存在就是对该制度最好的见证。

2009年11月，清华大学建筑设计研究院文化遗产保护所工作人员对山东栖霞牟氏庄园的现状进行了调查，根据庄园的保存情况制订了总体保护规划。为当地政府持续开展庄园的保护管理以及庄园文化的开发旅游提供基础服务。2010年编制完成并顺利通过主管部门审核。

本书整理了山东栖霞牟氏庄园规划研究和策略制定的技术文件。从该项目重要的文物价值背景、独特的建筑工艺及在传统农耕文化中的代表性进行了研究和归纳，并结合胶东地区悠久的农耕文化背景，从保护与展示文物古迹价值的角度，对牟氏庄园未来的保护管理工作提出了具体的任务目标。希望能给热爱遗产保护的同行和读者以有益借鉴和帮助。由于时间过去较长，编校过程也较仓促，书中难免有语焉不详，言之未尽之处，敬请读者指正。

目录

研究篇

评估篇

规划篇

研究篇

第一章　历史沿革

第一节　牟家及牟氏庄园的发展史

牟氏庄园位于被称为“胶东屋脊”的栖霞县，境内山多、河多、石多，类似大理石的特质花岗岩，可任意裁割成各种条、块、柱、板等料石。遍地石灰石，砖窑、瓦窑也多，建筑材料十分丰富。民宅以砖石混合结构的瓦房居多。有的正房后面还留有两米多宽的夹道，作为后花园。前院内及街门外，均栽种桃、杏，柿、梨等果树，春青夏绿，果树丛中露出青瓦白墙，伴以小桥流水，鸟语花香，山村韵味特别浓郁，与山川河流相映相衬，十分秀美。牟氏家族以及牟氏庄园，在这样的环境下兴起、发展最后到衰落，历经了几百年的历史。

明朝初年，始祖牟敬祖从祖籍湖北公安来登州府栖霞县任主簿，卸任后，落户栖霞。初始牟家人少势弱，经常受村邻欺凌，在困境中看到做官发家是唯一取得社会地位的途径，他们在逆境中定下了读书做官的决心，以求得功名，出人头地。这样，继牟敬祖之后，到光绪三十一年（1905 年）废除科举，整个牟氏家族共出现过 10 名进士，29 名举人；京官 3 人，州官司 3 人，县官 61 人，成了名副其实的官宦世家。

整个牟氏家族从明初始祖到十九世最后一代堂主，历经六百多年的历史，但实际上与现存的牟氏庄园有关的则是从十世牟国珑开始的。牟家的思想意识也是由他开始有了方向性的转变。牟国珑早年丧双亲，其由兄牟国珍抚养成人，17 岁时因“于七”一案株连入狱，三年获释，后发愤读书晋进士，任南宫知县，遭人陷害后，于康熙三十九年（1700 年）遭谪返乡。识破仕途艰险和坎坷的牟国珑，心灰意冷地写下了“清风两袖意萧萧，山径虽荒自兴饶。世上由他竞富贵，山中容我老渔樵”的《南宫归咏》，一改先祖仕途发家的主张，产生了重农轻官的思想，走上了以农立本、种地治家、春稼秋穑、顺天应时的农耕发家之路。他还给儿孙们规定：只许读书，不准做官。

后来他的子孙三代：牟恢、牟之仪、牟綧都谨遵祖训踏实务农，家业逐渐昌盛。

至十四世牟墨林，因他皮肤黑，又排行第二，且“墨”字即为“黑”字之意，故有绰号“牟二黑”。牟墨林是一个非常有经济头脑的地主，他“善务农，善用其财”。以贩粮为手段，趁饥荒之年，以粮换田，暴发为拥有 4 万亩土地的大地主，整个牟氏家族的发展也是在此时达到顶峰。牟墨林及其子孙三代在近百年的时间里，利用各种手段鲸吞了栖霞县大量的土地。到清末民初，牟氏庄园共拥有耕地 6 万亩，山地 12 万亩，还经营了 20 余家工商宝号，一度富甲胶东，名扬齐鲁，成为胶东半岛上赫赫有名的大地主。

20 世纪 20 年代末，牟氏家族渐趋衰落。民国十八年（1929 年），胶东军阀刘珍年多次向牟家索取“富户捐”，数额巨大，其中一次多达土地 2000 亩，现洋 13 万元。1930 年，牟宗朴被投入监狱，后于返乡途中猝死于中桥乡下泊子村，从此，这一封建地主家族走向衰败。

牟氏庄园现在的格局主要由牟墨林及其后人兴建，目前所见六组完整的宅子（堂号）为他两个儿子及四个孙子所完成，另外还包括周围的油坊、粉坊、场院、花园、佃户房等建筑。历史变迁，周围的建筑或被拆除或进行了改建，仅留下现在核心部分的六组院落。当地很多人都将“牟二黑”作为整个牟氏家族的统称，称之为牟氏庄园。

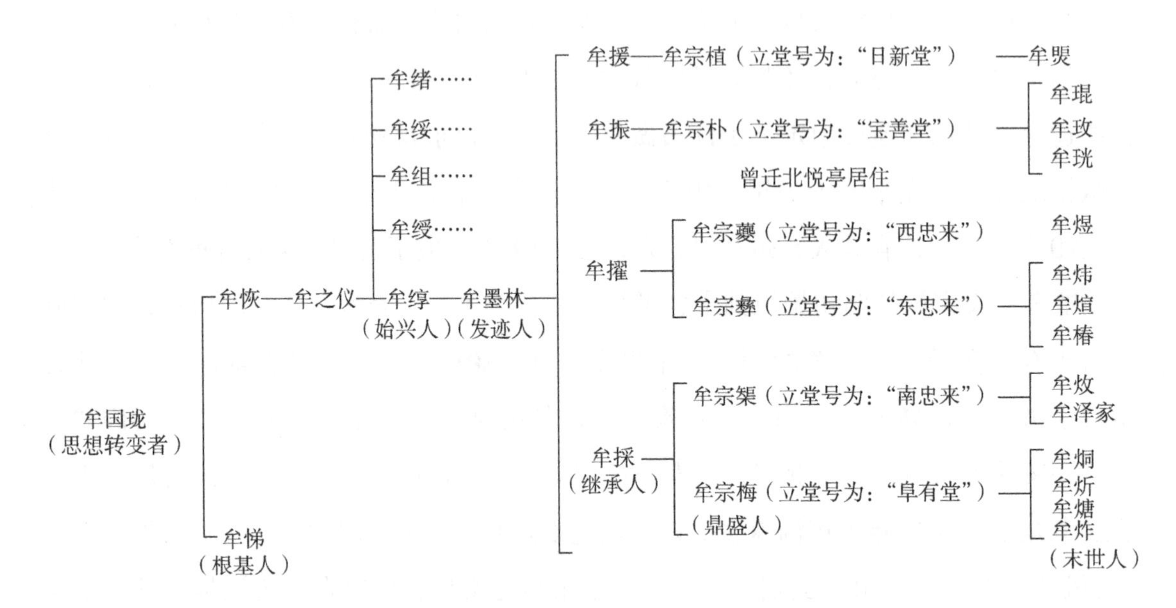

牟氏族谱

因文字资料有限，很难确定牟氏庄园每一处建筑的始建年份。据说牟家常年备有建筑材料，从清末牟墨林扩建庄园至20世纪50年代土改之前，牟家建房几乎没有间断过。根据口头传承资料，参考《牟氏庄园史实写真》，将牟氏庄园的兴建过程勾勒如下。

第一时期，康熙中期十世牟国珑购地——乾隆末年十四世牟墨林迁入古镇都的庄园。

清康熙年间牟国珑开始在古镇都乡村购置土地，次子牟悌在这里建起第一座古楼。后第十二世牟之仪“始从城内悦心亭，徙居于古镇都”，“去城而乡居，始构其址”，是牟氏在古镇都定居的第一代。之后一直到第十三世牟绥时，庄园建筑依然很简单，规模较小，“楼东北有草堂四间”。楼是起居空间，四间草堂“或为屋室、为书馆、为延客之所，随时更易”。乾隆后期，因“子孙颇多，用房紧张”，牟家扩建一个客厅，即今日日新堂祭祀厅西侧的客厅所在。这是牟氏庄园兴建历程中的第一时期。

第二时期，乾隆年间牟墨林迁居庄园——牟墨林扩建日新堂。

当日牟援住在今日新堂前半部，牟墨林住在后半部。所以今日新堂布局为寝楼在前，正房在后，在民居中颇为奇特。北面的牟墨林故居是一个比较规整的三合院，20世纪50年代前有西厢房，后被拆，现在的西墙是后来重建。牟墨林真正成为庄园主人后，即大兴土木，首先扩建并修缮日新堂。他改建了大门、前厅、西群房和北群房。日新堂的竣工可称为兴建史上的第二个时期。

第三时期发生在道光年间。为庄园最大规模的扩建时期，形成了以日新堂为中心的四组院落。

日新堂竣工之后，牟墨林晚年始为四个儿子营建住宅。扩建工程由牟墨林与其次子牟振先后主持完成，大概进行了十年。这时牟氏庄园的四个大院已经初具规模。当时的总体布局以日新堂为中心，三个院落分居左右。

第四时期，民国时期，牟氏庄园最终形成六组院落，庄园现状格局定型。1912年—1917年，十六世牟宗椝与兄长牟宗梅分家，利用南忠来东面的菜地营建住宅，建成阜有堂。1930年—1939年，建成东忠来，东忠来的大厅是整个牟氏庄园中造得最晚的建筑。宝善堂也在这个时期完成。至此牟氏庄园的兴建历程告一段落，成就了现在所见的庄园整体布局。

2002年，栖霞市牟氏庄园进行了规划整治，庄园的历史面貌在一定程度上得以恢复。

第二节　牟氏庄园大事记

清顺治二年（1645年），庄园主牟墨林之高祖父牟国珑出生，37岁中举，47岁中进士；52岁出任直隶南宫县知县。

清康熙三十九年（1700年），56岁的牟国珑被罢官回归栖霞故里，在宅院修建悦心亭，曰“悦心亭”故宅。

清雍正十三年（1735年），牟墨林祖父牟之仪在古镇都村东新建楼房一处（即日新堂大楼），以备作为新宅使用。

清乾隆七年（1742年），牟之仪由悦心亭故宅携子牟绪（17岁）、牟绥（15岁）、牟组（12岁）、牟绶迁古镇都新居，并在楼东北又建草堂四间，后被其孙牟愿相命名曰“小澥草堂”。此牟氏庄园之始也。

清乾隆九年（1744年）农历四月十二，庄园主牟墨林之父牟綍以行五出生于牟氏庄园古楼内。

清乾隆五十四年（1789年），牟墨林出生于古镇都村西别业房内。

清嘉庆十一年（1806年），庄园主牟墨林之父牟綍通过贩运粮食，经商致富，开始大量购买土地。

清嘉庆十六年（1811年）春，牟愿相为三子增建古厅两处，一为西忠来大厅，由次子牟汝弼居住，一为日新堂大厅，由三子牟汝淹居住；长子牟汝琦居古楼。

清嘉庆十七年（1812年）春，24岁的牟墨林开始主持家政，继续大量购买土地，并将庄园宅基地买下，在草堂西始建新住宅一处，此为牟墨林庄园之开始也。

清嘉庆十九年（1814年），牟墨林在日新堂故居周围修建了群房，扩建了日新堂全部住宅。

清道光十五年（1835年）夏，牟墨林开仓以赈。次年人相食。牟墨林从东北贩运高粱，以粮换地，一跃成为显赫的大财主。

清咸丰五年（1855年）八月初一，黄河在河南决口，奔向直隶，践踏齐鲁大地。山东的水灾过后，哀鸿遍野。牟墨林坚持向灾民舍饭救济，鲁北的灾民也从此与牟氏庄园结下了缘分，年年来往不断。

清咸丰十年（1860年），牟墨林统一了牟氏庄园，并于旧宅处扩建“忠来堂”，与先前在日新堂西北与西南新建的“宝善堂”“南忠来”并立，共有四处住宅群，为四个儿子将来各备一处。

清同治七年（1868 年），80 岁高龄的牟墨林将家政移交给次子牟振主持，被称为牟墨林庄园第三代当家人。

清同治九年（1870 年），庄园首开捐官护产之例。牟墨林命子牟振以 2000 两白银捐直隶州知州衔，紧接又命牟振“克襄王事”完成“封翁”称号。此后不久，牟墨林以 82 岁高龄在牟氏庄园内去世。

清光绪元年（1875 年）前后，牟墨林庄园第三代庄园主牟援、牟振、牟擢、牟採兄弟四人分爨，形成四大家：日新堂、宝善堂、忠来堂、南忠来，各分土地一万余亩。

清光绪三十一年（1905 年），牟宗朴成为栖霞首富，兼理整个牟氏家族之族政。为响应朝廷捐官报国号召，保护现有财产、炫宗耀祖，花 18000 两白银捐花翎升衔三品兵部车驾司行走郎中加三级（实为从一品）衔。同时，牟宗朴三叔牟擢捐六品知州衔，四叔牟採捐从四品知府衔。牟宗朴堂兄弟牟宗椝（採子）捐候选盐课司提举（正八品、副县级）衔，牟宗梅（採子）捐从八品训导衔。整个牟墨林庄园及其家族达到鼎盛。

清宣统三年（1911 年），南忠来主人牟宗椝、牟宗梅分爨。牟宗椝因是长房，仍居故宅，仍称南忠来。牟宗梅则借居宝善堂，始建阜有堂（师古堂），共历时五年建成。

民国元年（1912 年），忠来堂分为西忠来、东忠来两组宅院，庄园形成六大家。东忠来牟宗彝因没分到原住宅，赌气要把东忠来尚未建起的大楼大厅建造得比西忠来更精美，便用了八年的时间，先建大楼，后建大厅，直到 1920 年方才竣工。

民国十四年（1925 年），栖霞政局开始混乱，庄园在南忠来成立保卫团，有偿为全社民众服务，平时为南忠来护院。团长苏联升。此为牟墨林庄园有武装护院之开始，共历时二年，1927 年被张福才缴械。

民国十七年（1928 年），为军阀刘珍年所迫，牟宗朴一次性捐大洋 13 万元，庄园财富大伤元气。

民国十九年（1930 年），牟宗朴在由烟台返回栖霞途中病故，终年 62 岁。是年，东忠来东群房失火，因其主人牟宗彝为人刻薄，佃户都不愿救火，两头扒毁许多房子。

民国二十二年（1933 年）春，日新堂女当家人姜振帼主持牟氏族政。

民国二十八年（1939 年），年初前后，胶东军阀蔡晋康司令部进驻日新堂粉坊，在其石匠铺设监狱，日杀数人。其后日伪军第五旅团刘桂堂（黑七），率三千余人由青岛北侵烟台，将西忠来主人牟煜烧死在后小楼内。是年，宝善堂牟逖生逃去烟台，被日本人逮捕，后保释。

民国三十一年（1942 年）中共栖霞县委在观里镇大刘家，组织佃农向牟墨林庄园要求减租减息，迫使牟墨林庄园将其周围 18 个佃户村土地，全部卖给农民。

民国三十三年（1944 年）12 月 14 日，栖霞城从日寇手中光复。由县长牟铁铮率人民政府机关进驻栖霞城。次年，又以王敬远为首的土改工作队进驻古镇都，土地改革运动开始，工作队组织佃户向牟墨林庄园全面展开“减租减息”“算账”运动。

民国三十五年（1946 年）农历二月十二，中共八路军教导二团进驻牟墨林庄园。召开万人大会斗争牟墨林庄园主人。

民国三十六年（1947 年），国民党军首次进攻栖霞，庄园被收为国有。

民国三十七年（1948 年），公山区区公所进驻庄园西忠来。古镇都联村小学则在东忠来开办。庄园其他房产不久被改作国有粮库或农场办公室。

1951 年 5 月 1 日，新中国开展“镇压反革命”，东忠来牟少崖和西忠来牟衍禄，因“倒算罪”被枪决。

1958 年 7 月，栖霞农业大学在南忠来建成，1959 年改为农校，1961 年停办。

1960 年栖霞面粉厂在东、西忠来建厂，两座大楼改作车间，号称栖霞第一“高台级大门楼”工厂。

1962 年 1 月，中共栖霞县委党校由县城迁居日新堂。

1966 年“文革”开始后，牟氏家族多名后裔被当成“牛鬼蛇神”押回古镇都劳动改造。

1970 年，中共栖霞县委在牟氏庄园内筹建“栖霞县阶级教育展览馆”。面粉厂、党校相继迁出。

1977 年 12 月 13 日，经山东省革命委员会批准，将牟氏庄园列为山东省级文物保护单位。名称“牟二黑子地主庄园”。

1982 年。中共栖霞县委将“栖霞县阶级教育展览馆”撤销，成立“栖霞县文物事业管理所”。1983 年庄园对外开放。

1985 年 6 月 10 日，中共中央宣传部副部长贺敬之来牟氏庄园参观并题词：“中国封建地主阶级生活的实物百科全书，对人民和青年一代进行历史唯物主义教育的永久性教材。题牟氏庄园旧址。”

1988 年 1 月 13 日，经国务院批准将“牟二黑子地主庄园”易名“牟氏庄园”，列为全国重点文物保护单位。4 月 28 日，时任中共中央总书记赵紫阳在中共山东省委书记梁步庭、省长姜春云陪同下，参观牟氏庄园。9 月 7 日，中共中央原总书记胡耀邦来牟氏庄园参观考察长达 8 小时。

1989 年 12 月，中共栖霞县委将原“栖霞县文物事业管理所”升格为副科级“栖霞县文物事业管理处”，并增设“栖霞县牟氏庄园管理处”。两“处”合署办公。后来，虽有变动，但现在仍为两处合署办公。

2000 年 4 月 28 日，庄园举行了第一届民俗旅游节，约有五万人参加。庄园旅游事业步入兴盛。

2002 年春，栖霞市政府为了开发牟氏庄园的旅游，花数十万元请上海复旦大学杨正泰来做开发规划。

2003 年 4 月底，按开发规划，政府将牟氏庄园 170 户居民迁出祖居之地，盖成了现在民国风格的包垅小瓦房。

2004 年 7 月 1 日，青岛融基集团承租牟氏庄园经营权。

2005 年 3 月 8 日，由于融基集团经营不善，栖霞政府将庄园的经营权收回，恢复了庄园的管理模式。

2007 年 12 月底，牟氏庄园通过国家 4A 级旅游景区的验收。

2007 年，在庄园拍摄了 35 集电视剧《牟氏庄园》，至 2008 年，庄园经济收入达历史最高峰。

第二章　区域资源概况

牟氏庄园位于山东省栖霞市城北古镇都村，1988 年公布为全国重点文物保护单位，是中国规模较大，保存最完整的封建地主庄园。牟氏庄园建筑群规模恢宏，古朴壮观，目前保存厅堂楼厢 480 多间，占地两万余平方米。

牟氏庄园建筑文化博大精深。六个大院沿南北中轴线依次建为南群房、平房、客厅、大楼、小楼、北群及东西群厢多进四合院落，形成一套完整的具有典型北方民居建筑特色的古建筑群落。庄园建筑工艺独特，雕刻砌凿，工艺细腻精湛，明柱花窗，美妙绝伦。牟氏庄园生动地反映了以胶东半岛为代表的中国北方农业生产俗、家族俗、衣食住行、人生礼仪俗、节庆俗等古老的民俗事象。对继承和弘扬传统的民族优秀文化，必将起到积极作用。牟氏庄园以其恢宏的规模，深厚的内涵，被诸多专家学者评为“传统建筑之瑰宝”“中国民间小故宫”“六百年旺气之所在”，现已成为遐迩闻名的旅游观光胜地。

第一节　自然资源

一、区域概况

（一）区位

牟氏庄园坐落于山东省栖霞市城北古镇都村，地理坐标为：东经 120° 49′ 47″，北纬 37° 19′ 07″，海拔 132 米。总用地面积 2 公顷，总建筑面积约 7200 平方米。

（二）行政管区

栖霞市地处胶东半岛中心位置，位于东经 120° 33′ ~ 121° 15′、北纬 37° 05′ ~ 37° 32′，总面积 2016 平方公里，辖 12 个镇、3 个街道办事处、1 个省级经济开发区，

牟氏庄园卫星影像图

953个行政村，4个居委会，总人口66万人。栖霞因以“日晓辄有丹霞流宕，照耀城头，霞光万道”而得名，公元1131年置县，1995年11月经国务院批准撤县设市。

二、地理概况

栖霞属山区丘陵地形，素有“六山一水三分田”之说，又有“胶东屋脊”之称。东有牙山、西北艾山，海拔800多米，方山、唐山、蚕山等较大山体300多个。这些山岭脉脉相连，迂回曲折，横贯市境，中部成为南北分水陵。两侧余脉多呈南北走向，形成低山丘陵，夹杂部分河谷冲积平原。全境山地占72.1%，丘陵占21.8%，平原占6.1%。

三、水文概况

栖霞所在境内的水资源较多，大小河流114条，年降雨量650毫米左右，水系南流的主要有清水河、漩河汇五龙河入黄海；北流有白洋河、清洋河汇夹河入渤海，黄水河经龙口入渤海。

四、气候概况

栖霞四季分明，光照充足，境内大小山峰2500余座，年平均气温11.3摄氏度，无霜期207天，年日照总时2690小时，属暖温带季风型半湿润气候。不仅适合小麦、玉米、花生等农作物的生长，而且是梨、桃、大樱桃、干杂果特别是苹果栽培的最佳区域。

五、农业概况

农业生产发展平稳。2007年，全年粮食总产量26.7万吨，增长0.4%，其中花生总产量6.8万吨，增长11.5%；水果总产量135.4万吨，增长18.4%，其中苹果132.1万吨，增长28.5%。

畜牧业发展良好。2007年末生猪存栏21万头，与去年持平；牛存栏6万头，比上年减少10.4%；羊存栏9万只，比上年减少5.3%；家禽存栏430万只，与去年持平。全年猪、牛、羊和家禽分别出栏32.1万头、2.8万头、8.9万只、1030万只。肉类总产量达到3.6万吨，下降31%。禽蛋产量达到2.1万吨，下降30%；奶类产量0.3万吨，下降80%。

渔业生产稳中有升。2007年，水产养殖面积1570公顷，与去年持平；养殖产量达4000吨，增长5.3%。 林业生产平稳发展。2007年，全年共完成造林面积1289公顷，其中本年新育苗面积133公顷。全市森林覆盖率达到51%。农业生产条件进一步改善。截至2007年底，农业机械总动力118.7万千瓦，比上年增长8.3%；全年化肥施用量（折纯）7.18万吨；塑料薄膜使用量1909吨，年末实有耕地面积46824公顷；农用拖拉机3.09万台，农用汽车1092辆，农村用电量1.69亿千瓦时，增长3.7%。年末，全市953个村全部通电、电话、汽车，自来水受益村514个。

六、交通概况

栖霞区位优越，交通便利。北临人间仙境蓬莱阁，南近青岛，东北离烟台港、烟台机场仅60公里。同三高速、204国道、802省道、蓝烟铁路等道路纵横交错，四通八达，形成出入境快捷的立体化交通网络。

第二节　人文资源

一、文物资源

除国家级文物保护单位牟氏庄园外，栖霞市还有四处省级文物保护单位，根据山东省人民政府（2006年12月7日）——《山东省人民政府关于公布第三批省级文物保护单位名单的通知》的桃村革命烈士陵园、杨家圈遗址、北城子遗址、李氏庄园。

二、旅游概况

栖霞生态优美，旅游资源丰富。全市森林覆盖率达到46%，是国家级生态示范区。境内有著名的国家级牙山森林公园、艾山温泉、“胶东天池”——长春湖以及绵延百里的十八盘国家级生态公益林示范区等自然胜景，被誉为“东方道林之冠”的太虚宫以及胶东革命烈士陵园等著名人文景观，是旅游休闲的理想场所。

第三章　文物遗存现状

第一节　牟氏庄园基本状况

牟氏庄园选址在栖霞市北部的古镇都村，北靠凤凰山（或称凤彩山），南临汶水河，由于经过百年的地质变化以及人为的开山扩路，现在许多的山峦已经不复存在了，但是从资料以及现在的宝善堂与日新堂交界处门的高度便可以判断，以前，庄园后为丘陵高地。白洋河经过牟氏家族多次改道，最终使其在庄园前转折处形成开阔的水景。而这种前水后山的选址布局正符合古代中国传统建筑的选址原则：负阴抱阳，藏风聚水，堪称风水宝地。

牟氏庄园的六组宅院各成体系相对封闭，日新堂是整个牟氏庄园中建设最早的建筑，又称为“老柜”，从牟墨林开始一直由长子长孙继承，因此这套宅院无形中成为整个牟氏庄园的中心，但并非地理位置的中心，而是一种向心力、凝聚力的表现，从总平面图中我们能看出作为后来修建的西忠来、东忠来、南忠来、宝善堂、阜有堂都是围绕着日新堂而展开的。

牟氏庄园的六组宅院位于整个聚落的中心偏北部位，东、西、南三面均是由油坊、粉坊、场园、花园、菜园、药铺以及佃户房包围着，北侧被丘陵包围。由于历史变迁，周围的油坊粉坊建筑均已无存。

牟氏庄园共占地约 2 万平方米，含厅堂楼厢 480 多间，建筑总体坐北朝南，分三组共六个建筑单元。牟氏庄园的六组宅院分为三部分：东部由日新堂、东忠来、西忠来三组宅院组成，占地约 6400 平方米，西南部由南忠来、阜有堂组成，占地约 3720 平方米，西北部为宝善堂，占地约 2300 平方米，三大单元各自独立又相互联系，东单元西墙与西北单元东墙之间的通道宽 5 米，东单元西墙与西南单元东墙之间的通道宽 8 米，西北单元南墙与西南单元北墙之间距离 6 米多。各单元所占地块都成南北长，东

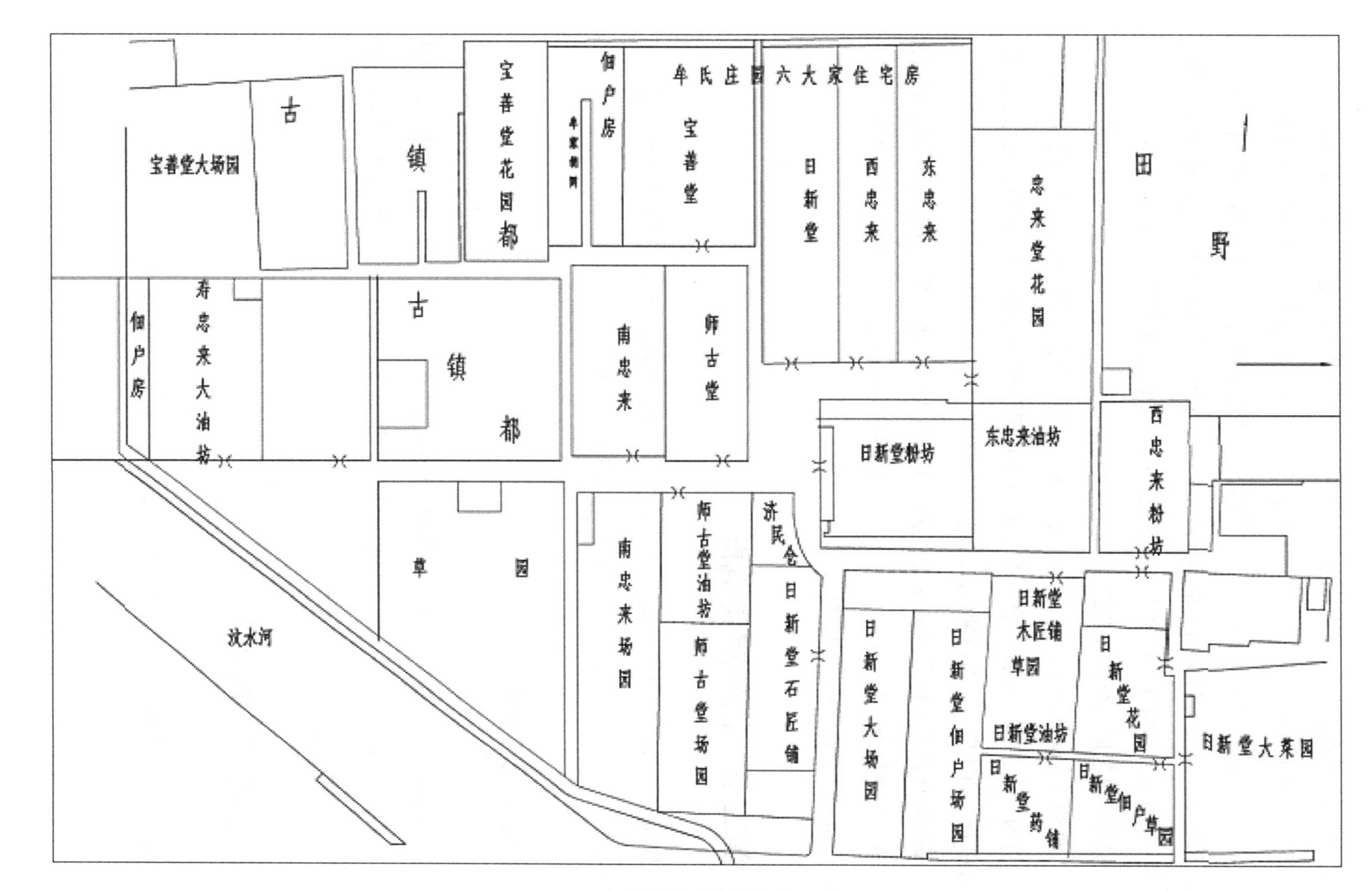
宝善堂大场园
古
镇
宝善堂花园
都
佃户房
牟氏庄园六大家住宅房
宝善堂
日新堂
西忠来
东忠来
忠来堂花园
田
野
佃户房
寿忠来大油坊
古
镇
都
南忠来
师古堂
日新堂粉坊
东忠来油坊
西忠来粉坊
草
园
汶水河
南忠来场园
师古堂油坊
师古堂场园
济民仓
日新堂石匠铺
日新堂大场园
日新堂佃户场园
日新堂木匠铺
草园
日新堂油坊
日新堂花园
日新堂药铺
日新堂佃户草园
日新堂大菜园

牟氏庄园建筑分布图

西宽的矩形，都以进深约 4.5 米的群房（围屋）将四周封闭起来，除在南面开辟大门以外，还在四个角各留一个小门。日新堂、东忠来、西忠来三组宅院还在北群房外修筑了一道高墙，并设置了便门，平时关闭，应急时才开启。群房房间的总数很多而单间面积很小，在北有门窗朝南常用作晚辈卧室，在南用作门卫和库房，在西在东则用作磨坊、谷仓，厨房等。住宅成东西并列，两座住宅之间留有防火通道。

东部一组包括三个建筑组群，自东向西其堂号依次为："东忠来""西忠来""日新堂"；西部分为南北两组，南一组共两个建筑组群："阜有堂"居东，"南忠来"居西；北一组为"宝善堂"组群。建筑单元沿南北中轴线依次建门厅、正房、大厅、寝楼、北群房及东西厢房，左右两侧以高墙或群厢封闭。

庄园的建筑梁架以当地山岚盛产的小叶杨树为材，椽子窗扇用松木为质，屋面笆用荆条（当地称为"九"条）编制，主要砌筑材料为花岗岩。整个建筑采用清式举架，木砖石结构，合瓦屋面，构件精细，形象古朴、壮观。

第二节　日新堂建筑群

日新堂在最西，与东西忠来前后错位，且地平标高不同，它始建于雍正十三年（1735 年），六进六个院，有二层楼一栋，共有 89 间房屋。

一、门厅及南群房

门面阔 2.8 米，进深 4.8 米，五架梁多开间式正房，硬山合瓦屋面，清水脊，青砖屋笆，地面为方砖铺地地面。日新堂原大门，现在为办公部分对外出入口，包括导游办公室，安保值班室。

二、前厅及东厢房

前厅现为内部办公室，屋内吊顶，梁架勘测未及。东厢房未开放。

三、祭祀厅（祖堂）

面阔15.1米，进深6.4米，五架梁多开间式正房，硬山合瓦屋面，清水脊，青砖屋笆，地面为方砖铺地地面，前带门廊。为庄园最早的建筑之一。

四、寝楼及东厢房

今俗称寡妇楼，为雍正十三年（1735年）前后的牟悌建造的住宅，院中有东厢房，面宽四间；寝楼与小楼均为两层五开间，硬山坡顶，五檩梁架，当心间前后廊檐处均设有穿带板门，窗户多为两扇对开，或支摘花窗。烟囱一律设在山墙体外，由一条石条托出。建筑的立面简洁、朴素，一层用石砌，二层用砖或是三合土砌筑到顶。主采光面开窗较大且低，面向甬道的山墙不开窗，北部墙体开高窗，且尺寸较小。二楼窗的尺寸一般比一楼的小，且多数采用“天圆地方”的形式，即上面为弧形，下面为矩形。二层勘测未及。

五、故居及东厢房

是牟墨林的卧房，院东有面阔三间的厢房；面阔15.3米，进深6.7米，五架梁多开间式正房，硬山合瓦屋面，清水脊，青砖屋笆，地面为方砖铺地地面，前带门廊。

六、北群房、西群房

硬山合瓦屋面，五架梁，清水脊，选材粗糙，荆条屋笆，三合土夯地面。

日新堂各合院均无西厢房，表明主人早为东面的扩建做好准备。这一群体基本建于清朝康乾盛世的后期，平面布局和结构装饰体现了清代胶东建筑的典型风格。

第三节　西忠来建筑群

西忠来居中，同治九年（1870年）前后紧靠着日新堂建造，为牟墨林三子牟擢及其长子牟宗夔居所；依自前而后的顺序，概述单元建筑结构情况；西忠来七进五个小院，有二层楼三栋，共66间房屋。

一、门厅

面阔4.1米，进深5.3米。大门台明高1米，总高为8.1米，门宽4.4米，抱框两侧各置石鼓一，其底座呈方形与门枕一体，主体为莲叶托鼓造型，通高1.4米，鼓径0.6米，上有“麒麟送子”“福禄寿喜”“姜太公钓鱼”“刘海戏金蟾”等浮雕图案，形象逼真，雕琢精细。

二、前厅

五架梁多开间式群房，硬山合瓦屋面，清水脊，青砖屋笆，地面为三合土夯实地面，以中间过道与东忠来前厅相分开。

三、大厅

曾于1950年被拆，1987年复建，硬山顶，六檩架梁，前檐出廊，隔扇门窗，梁架有举折，柱子有升起，正脊安望兽，垂脊有跑兽，屋面椽之上为望砖，盖瓦下施柞木炭棒，地面用青方砖铺墁，选材精良，做工讲究。

四、寝楼

二层楼房，明间前后檐设穿带板门，支摘窗，一层次间有火炕，烧火洞在户外，烟囱由山墙挑出，造型别致，为庄园建筑的一大特色。在2.2米高的台明中间部位修筑了一个长方形的地窖储存室，拱券顶，为垒砌石结构。前后檐板门上方均用砖砌以精美的门罩，二层山墙开窗户，也砌筑砖雕窗罩。西侧南边建有四开间二层楼阁，面东背西，屋面取一面坡的形式。在院南侧以墙垣另隔小院，原有古井一口。

五、小楼

硬山顶，五架梁，合瓦屋面，方砖地面，1939 年被汉奸烧毁，现仅存基座部分。

六、北群房

硬山合瓦屋面，五架梁，清水脊，选材粗糙，荆条屋笆，三合土夯地面。

第四节　东忠来建筑群

东忠来在东，为牟擢及其次子牟宗彝住所，同治九年（1870 年）前后与西忠来一同建造北群房和南倒座，客厅则晚至民国才被补建。

一、门厅及南群房

门面阔 2.4 米，进深 4.8 米。东忠来虽设大门一直没有使用，出入东忠来一直用东便门，南群房为商业服务用房，水泥地面。

二、前厅

五架梁多开间式群房，硬山合瓦屋面，清水脊，青砖屋笆，地面为三合土夯实地面，以中间过道与西忠来前厅相分开。

三、大厅（客厅）

民国时期建筑，建于 1935 年。面阔 15 米，进深 9.6 米，五架梁多开间式正房，硬山合瓦屋面，清水脊，青砖屋笆，地面为方砖铺地地面，前带门廊。

四、寝楼及东西厢房

第三进寝楼建于1930年，二层楼房，面阔15米，进深6.1米，明间前后檐设穿带板门，支摘窗，一层次间有火炕，烧火洞在户外，烟囱由山墙挑出，造型别致。

五、小楼及东西厢房

二层楼房，面阔15米，进深7.8米，明间前后檐设穿带板门。形制同寝楼，唯高度较低，现存外部两层，内部一层。

六、北群房及东西厢房

硬山合瓦屋面，五架梁，清水脊，选材粗糙，荆条屋笆，三合土夯地面。

第五节　南忠来建筑群

南忠来在西，建于同治九年（1870年）前后，牟探及长子牟宗槼居所。

一、门厅及南群房

门面阔3.3米，进深5米。

二、前厅及防空洞

面阔14.9米，进深7.2米，五架梁多开间式群房，硬山合瓦屋面，清水脊，青砖屋笆，地面为三合土夯实地面，前院有民国时期防空洞。

三、太房及东西厢房

面阔 14.6 米，进深 5.7 米，明间前后檐设穿带板门，硬山合瓦屋面，清水脊，木板屋笆。

四、北群房及东西群房

硬山合瓦屋面，五架梁，清水脊，选材粗糙，荆条屋笆，三合土夯地面。

第六节　阜有堂建筑群

阜有堂在东，又名阜有堂，牟探次子牟宗梅建于 1912 年—1917 年。

一、门厅及南群房

门面阔 2.7 米，进深 4.7 米。现为庄园游览线路出口。

二、前厅及西厢房

面阔 15 米，进深 9.6 米，五架梁多开间式正房，硬山合瓦屋面，清水脊，青砖屋笆，地面为现代地砖铺面，前带门廊。

三、寝房及东西厢房

厅堂楼房由长辈居住，面阔 15.7 米，进深 5.8 米。五架梁多开间式，硬山合瓦屋面，清水脊，青砖屋笆，地面为地砖地面。原为两层，现为通高一层。

四、北群房、东西厢房、东群房

硬山合瓦屋面，五架梁，清水脊，选材粗糙，荆条屋笆，三合土夯地面。

西北一组的通深 64 米，通面宽 36 米，整体因西群房未完成而处于待建状态。

第七节　宝善堂建筑群

宝善堂建于同治九年（1870 年）前后，为牟墨林次子牟振及其独子牟宗朴居所。

一、门厅及南群房

门面阔 3.2 米，进深 5 米。

二、客厅

面阔 17 米，进深 9.3 米，五架梁多开间式正房，硬山合瓦屋面，清水脊，青砖屋笆，地面为方砖铺地地面，前带门廊。

三、寝楼（少爷楼）及东西厢房

二层楼房，面阔 15.7 米，进深 7.1 米，明间前后檐设穿带板门，前后檐板门上方均用砖砌以精美的门罩，二层山墙开窗户，也砌筑砖雕窗罩。

四、北群房、东西厢房、东群房、西群房

硬山合瓦屋面，五架梁，清水脊，选材粗糙，荆条屋笆，三合土夯地面。

第八节　附属作坊遗存

在日新堂大门外，原为牟氏庄园日新堂粉坊建筑，建于清代，现仅存三四栋，用作旅游商店。

评估篇

第一章　价值评估

第一节　文物构成与价值评估内容

一、文物构成

1. 文物本体：牟氏庄园内现有保存完好的清代和民国时期古建筑群，历史院落及格局。

2. 空间格局（包括历史院落）：

牟氏庄园完整的空间格局、中轴线建筑序列；

牟氏庄园内的历史院落和古建筑及遗迹之间的空间关系。

3. 文物建筑（包括清代和民国时期建筑）：牟氏庄园的六组宅院分别为日新堂、东忠来、西忠来、南忠来、阜有堂、宝善堂和日新堂粉坊。

4. 附属文物：庄园建筑内外的附属文物和古树，如石鼓、石毯、虎皮墙、古井、古树等。

5. 历史环境：与牟氏庄园价值相关的地理环境和人文环境。

二、文物价值评估

根据《中国文物古迹保护准则》8-2 条，文物价值评估的主要内容有文物古迹历史的、艺术的和科学的价值，包括以下几点：

1. 现状的价值；

2. 经过有效的保护，公开展示其对社会产生的积极作用的价值；

3. 其他尚未被认识的价值；

4. 通过合理的利用可能产生的社会效益和经济效益；

5. 本项文物古迹在构成所在历史文化地区中的地位，和在当地社区中特殊的社会功能。

第二节　历史价值评估

一、评估标准

根据《关于〈中国文物古迹保护准则〉若干重要问题的阐述》2-3-1 条，文物古迹的历史价值主要表现在以下方面：

1. 由于某种重要的历史原因而建造，并真实地反映了这种历史实际；

2. 在其中发生过重要事件或有重要人物曾经在其中活动，并能真实地显示出这些事件和人物活动的历史环境；

3. 体现了某一历史时期的物质生产、生活方式、思想观念、风俗习惯和社会风尚；

4. 可以证实、订正、补充文献记载的史实；

5. 在现有的历史遗存中，其年代和类型独特珍稀，或在同一类型中具有代表性；

6. 能够展现文物古迹自身的发展变化。

二、历史价值评估

根据上述评估标准，具体评估如下。

牟氏庄园历史价值评估表

<table>
<tr><td>评估要点</td><td colspan="6">价值载体 / 说明</td></tr>
<tr><td rowspan="3">《准则阐述》2-3-1 条①</td><td>自然环境</td><td>历史人文环境</td><td>空间格局</td><td>文物建筑</td><td>文物院落</td><td>附属文物</td></tr>
<tr><td>▲</td><td>▲</td><td>■</td><td>■</td><td>■</td><td>▲</td></tr>
<tr><td colspan="6">牟氏庄园的修建从清雍正元年（1723 年）到民国二十四年（1935 年）前后经历了近 270 年的时间，历史悠久，具有重要历史价值。
作为我国北方规模最大的地主庄园，牟氏庄园是中国封建社会土地制度的产物，它的存在就是对该制度最好的见证。</td></tr>
</table>

续　表

<table>
<tr><th>评估要点</th><th colspan="6">价值载体 / 说明</th></tr>
<tr><td rowspan="3">《准则阐述》2-3-1 条②</td><td>自然环境</td><td>历史人文环境</td><td>空间格局</td><td>文物建筑</td><td>文物院落</td><td>附属文物</td></tr>
<tr><td>▲</td><td>■</td><td>▲</td><td>■</td><td>■</td><td>–</td></tr>
<tr><td colspan="6">牟氏庄园丰厚的历史文化沉积，真实客观地显示了以牟墨林为代表的牟氏家族的兴起、发展和衰败的历史轨迹。</td></tr>
<tr><td rowspan="3">《准则阐述》2-3-1 条③</td><td>自然环境</td><td>历史人文环境</td><td>空间格局</td><td>文物建筑</td><td>文物院落</td><td>附属文物</td></tr>
<tr><td>▲</td><td>■</td><td>■</td><td>■</td><td>▲</td><td>—</td></tr>
<tr><td colspan="6">牟氏庄园完整的地主宅院格局以及配套的油坊粉坊等建筑，生动地体现了中国封建社会后期地主阶级的生活方式、社会生产关系及道德规范。</td></tr>
<tr><td rowspan="3">《准则阐述》2-3-1 条④</td><td>自然环境</td><td>历史人文环境</td><td>空间格局</td><td>文物建筑</td><td>文物院落</td><td>附属文物</td></tr>
<tr><td>—</td><td>□</td><td>■</td><td>■</td><td>▲</td><td>■</td></tr>
<tr><td colspan="6">牟氏庄园内保留的牌匾，是证实书籍、资料对牟氏庄园历史描述的重要证物。
牟氏庄园的历史变迁，是该地区政治、经济、文化和民族融合等历史变迁的集体体现，是地方史志的重要见证和载体。</td></tr>
<tr><td rowspan="3">《准则阐述》2-3-1 条⑤</td><td>自然环境</td><td>历史人文环境</td><td>空间格局</td><td>文物建筑</td><td>文物院落</td><td>附属文物</td></tr>
<tr><td>□</td><td>▲</td><td>▲</td><td>■</td><td>▲</td><td>–</td></tr>
<tr><td colspan="6">牟氏庄园建筑群在历经 300 多年后依然保持完整，其完整的建筑和院落格局在清代北方地主民居中具有代表性，体现了较典型的清地主庄园建筑的特点。</td></tr>
<tr><td rowspan="3">《准则阐述》2-3-1 条⑥</td><td>自然环境</td><td>历史人文环境</td><td>空间格局</td><td>文物建筑</td><td>文物院落</td><td>附属文物</td></tr>
<tr><td>—</td><td>▲</td><td>■</td><td>■</td><td>▲</td><td>▲</td></tr>
<tr><td colspan="6">牟氏庄园自建立以来，经清代、民国以及建国初期，六套宅院的格局形成于民国时期，体现了牟氏庄园建筑群完整的历史变迁。</td></tr>
</table>

评估等级：价值较高■；一般▲；较低□；无—

三、历史价值评估结论

牟氏庄园的修建从清雍正元年（1723 年）到民国二十四年（1935 年）前后经历了近 300 年的时间，历史悠久，具有重要历史价值。体现了当地民间历史文化的积淀，作为我国北方规模最大的地主庄园，牟氏庄园是中国封建社会土地制度的产物，它的存在就是对该制度最好的见证。

牟氏庄园的历史文化沉积丰厚。客观地记录了牟氏家族的兴起、发展和衰败的历史轨迹；生动地再现了中国封建社会后期地主阶级的生活方式、道德规范及生产关系。

牟氏庄园的历史沿革，是对该地区政治、经济、文化变迁的集体体现，是地方史志的重要载体。保存完整的牟氏庄园可以证实、补充当地相关历史文献的记载。

牟氏庄园建筑群在历经270多年后依然保持完整，其完整的建筑和院落格局在清代北方地主民居中具有代表性，体现了较典型的清地主庄园建筑的特点。

牟氏庄园自建立以来，经清代、民国以及建国初期，六套宅院的格局形成于民国时期，体现了牟氏庄园建筑群完整的历史变迁。

第三节　艺术价值评估

一、评估标准

根据《关于〈中国文物古迹保护准则〉若干重要问题的阐述》2-3-2条，文物古迹的艺术价值主要表现在以下方面：

1. 建筑艺术，包括空间构成、造型、装饰和形式美；

2. 景观艺术，包括风景名胜中的人文景观、城市景观、园林景观，以及特殊风貌的遗址景观等；

3. 附属于文物古迹的造型艺术品，包括雕刻、壁画、塑像，以及固定的装饰和陈设品等；

4. 年代、类型、题材、形式、工艺独特的不可移动的造型艺术品；

5. 上述各种艺术的创意构思和表现手法。

二、艺术价值评估

根据上述评估标准，具体评估如下。

牟氏庄园艺术价值评估表

评估要点	价值载体 / 说明			
《中国文物古迹保护准则》2-3-2条①	建筑形式	建筑空间	建筑装饰	院落空间
	■	▲	▲	■
	牟氏庄园的建筑布局、建筑形式等平面布局秩序井然，有条不紊，具有一种强烈的伦理意识，同时又有审美的“中轴线”意识，体现出“尊者居中”的思想，封闭的围墙内，具有较高的审美价值。 牟氏祖籍湖北公安县，庄园早期建筑有南方风格，如日新堂故居建筑，西忠来寝楼前长短坡厢房等。 牟氏庄园的单体建筑色彩素雅、用材质朴，颜色基本上保留了材料本身的色彩。墙体采用厚重的花岗岩石精雕细磨而成，地面为青色的各种形状的石块及方砖铺地。屋顶形式为民居中常见的硬山顶，屋面用小灰瓦覆盖。门窗为木装修，并用黑色、褐色、暗红色的漆料粉刷。建筑装饰也比较简化，有别于晚清纤细烦琐的装饰手段。这些使得牟氏庄园具有一种朴实、简洁、大方的艺术效果。			

评估要点	价值载体 / 说明		
《中国文物古迹保护准则》2-3-2条②	人文景观	自然景观	院落景观
	■	—	▲
	牟氏庄园选址在栖霞市北部的古镇都村，北靠凤凰山（或称凤彩山），南临汶水河，该建筑建于环境的最佳位置，以取得建筑与自然山水融为一体的效果，居住环境不仅有良好的自然生态，也有突出的自然景观和人为景观价值。		

评估要点	价值载体 / 说明				
《中国文物古迹保护准则》2-3-2条③	木刻	石刻	砖雕	树木	装饰
	■	■	▲	▲	□
	牟氏庄园中的建筑装饰，木雕、砖雕、石雕图案精美，色彩素雅，尺度精巧具有很高的审美价值，体现了当地典型的工艺水平。				

评估要点	价值载体 / 说明		
《中国文物古迹保护准则》2-3-2条④	建筑	景观	附属文物
	■	▲	▲
	牟氏庄园的建筑构件既美观且有实用价值，如，宝善堂东侧群房高9米长达70米的“虎皮墙”。以石块自然的平面，依形就势拼砌而成的五十多幅吉祥图案，主题有“花好月圆”“莲生贵子”“夏荷秋菊”“富贵长寿”“大吉大利”等，以表达主人美好的愿望与个人的才华以及品行。如，牟氏庄园中的构件烟囱立在山墙之外的雨道中，上下有收分，呈托塔凌空状。既不同于当地的民居，在全国也属罕见。		

评估等级：价值较高■；一般▲；较低□；无—

三、艺术价值评估结论

牟氏庄园选址在栖霞市北部的古镇都村，北靠凤凰山（或称凤彩山），南临汶水河，该建筑建于环境的最佳位置，以取得建筑与自然山水融为一体的效果，居住环境不仅有良好的自然生态，也有突出的自然景观和人为景观价值。

牟氏庄园的建筑布局、建筑形式等平面布局秩序井然，有条不紊，具有一种强烈的伦理意识，同时又有审美的“中轴线”意识，体现出“尊者居中”的思想，封闭的围墙内，具有较高的审美价值。

牟氏庄园的单体建筑色彩素雅、用材质朴，颜色基本上保留了材料本身的色彩。墙体采用厚重的花岗岩石精雕细磨而成，地面为青色的各种形状的石块及方砖铺地。屋顶形式为民居中常见的硬山顶，屋面用小灰瓦覆盖。门窗为木装修，并用黑色、褐色、暗红色的漆料粉刷。建筑装饰也比较简化，有别于晚清纤细烦琐的装饰手段。这些使得牟氏庄园具有一种朴实、简洁、大方的艺术效果。

牟氏庄园的建筑构件既美观且有实用价值，如，宝善堂东侧群房高 9 米长达 70 米的“虎皮墙”。以石块自然的平面，依形就势拼砌而成的五十多幅吉祥图案，主题有“花好月圆”“莲生贵子”“夏荷秋菊”“富贵长寿”“大吉大利”等，以表达主人美好的愿望与个人的才华以及品行。如，牟氏庄园中的构件烟囱，它们被设置在墙外，既不同于当地的民居，在全国也属罕见。烟囱立在山墙之外，上下有收分，呈托塔凌空状。

牟氏庄园中的建筑装饰，木雕、砖雕、石雕图案精美，色彩素雅，尺度精巧具有很高的审美价值，体现了当地典型的工艺水平。

牟氏祖籍湖北公安县，庄园早期建筑有南方风格，如日新堂故居建筑，西忠来寝楼前长短坡厢房等。

齐鲁文化因其悠久的历史、广泛的适应性而成为中国传统文化的代表。作为齐鲁文化的发源地区之一，牟氏庄园建筑群对山东地区传统地域建筑文化研究具有重要的意义。

第四节　科学价值评估

一、评估标准

根据《关于〈中国文物古迹保护准则〉若干重要问题的阐述》2-3-3 条，文物古迹的科学价值专指科学史和技术史方面的价值，主要表现在以下方面：

1. 规划和设计，包括选址布局，生态保护，灾害防御，以及造型、结构设计等。

2. 结构、材料和工艺，以及它们所代表的当时科学技术水平，或科学技术发展过程中的重要环节。

3. 本身是某种科学实验及生产、交通的设施或场所。

4. 在其中记录和保存着重要的科学技术资料。

二、科学价值评估

根据上述评估标准，具体评估如下。

牟氏庄园科学价值评估表

<table>
<tr><th>评估要点</th><th colspan="12">价值载体 / 说明</th></tr>
<tr><td rowspan="3">《中国文物古迹保护准则》2-3-3条①</td><td colspan="4">自然环境选址</td><td colspan="4">建筑造型和结构</td><td colspan="4">空间格局</td></tr>
<tr><td colspan="4">▲</td><td colspan="4">■</td><td colspan="4">■</td></tr>
<tr><td colspan="12">牟氏庄园的建筑选址负阴抱阳，藏风聚水，建筑布局方面，主要建筑沿中轴线顺序排列，整个建筑群组构图完整，集中体现了民居建筑营造的制度化、模式化。体现了中国民居建筑规划选址和建筑营造的设计理念，具有重要的科学意义。</td></tr>
<tr><td rowspan="3">《中国文物古迹保护准则》2-3-3条②</td><td colspan="3">结构</td><td colspan="3">材料</td><td colspan="3">工艺</td><td colspan="3">技术特色</td></tr>
<tr><td colspan="3">■</td><td colspan="3">▲</td><td colspan="3">□</td><td colspan="3">■</td></tr>
<tr><td colspan="12">牟氏庄园建筑群保留清湖北公安县地区和清胶东地区民居的建筑特征，无论建筑结构、材料和装饰工艺都是对当时年代的具体反映。
齐鲁文化因其悠久的历史、广泛的适应性而成为中国传统文化的代表。作为齐鲁文化的发源地之一，牟氏庄园建筑群对山东地区传统地域建筑文化研究具有重要的意义。</td></tr>
<tr><td rowspan="3">《中国文物古迹保护准则》2-3-3条③</td><td colspan="4">文物建筑</td><td colspan="4">空间院落</td><td colspan="4">历史环境</td></tr>
<tr><td colspan="4">▲</td><td colspan="4">▲</td><td colspan="4">■</td></tr>
<tr><td colspan="12">牟氏庄园的防火、消防特色、排水体系、建筑中的保温、隔热方式等建造技术，牟氏庄园中的消防管理，有组织排水、夯土墙、多层墙、保温屋顶、火炕等在建筑技术方面具有很高的借鉴意义。</td></tr>
</table>

评估等级：价值较高■；一般▲；较低□；无—

三、科学价值评估结论

牟氏庄园的建筑选址负阴抱阳，藏风聚水，建筑布局方面，主要建筑沿中轴线顺序排列，整个建筑群组构图完整，集中体现了民居建筑营造的制度化、模式化。体现了中国民居建筑规划选址和建筑营造的设计理念，具有重要的科学意义。

牟氏庄园建筑群保留清湖北公安县地区和清胶东地区民居的建筑特征，无论建筑结构、材料和装饰工艺都是对当时年代的具体反映。

齐鲁文化因其悠久的历史、广泛的适应性而成为中国传统文化的代表。作为齐鲁文化的发源地之一，牟氏庄园建筑群对山东地区传统地域建筑文化研究具有重要的意义。

牟氏庄园的防火、消防特色、排水体系、建筑中的保温、隔热方式等建造技术，牟氏庄园中的消防管理，有组织排水、夯土墙、多层墙、保温屋顶、火炕等在建筑技术方面具有很高的借鉴意义。

第五节　社会文化价值评估

牟氏庄园社会价值评估表

类别	性质	社会价值体现	基本评价
文物遗存性质	历史信息	见证了山东胶东地区封建地主家族近三个世纪的历史变迁，历史信息丰富。	■
	完整性	牟氏庄园本体保留完整。	▲
	珍稀程度	在同时期同类建筑中保留较为完好。	■
	地域相关性	体现了典型的封建社会地主庄园建筑风貌	■
参观游览	游憩性	环境变化较大，基础设施条件较好，游憩条件一般。	▲
	知名度	具备一定的知名度，但还有待进一步提高。	▲
	教育与传播	牟氏庄园所承载的历史信息，是外地人了解栖霞市的重要窗口，是民族教育、爱国主义教育的重要基地。	■
	市场	已于1970年正式对外开放，展示和利用前景较好。	▲
其他因素	学术研究	对于近代地主经济历史及清民间建筑的研究是我国学术研究中的热门课题。	■

评估等级：价值较高■；一般▲；较低□；无—

社会价值评估结论：

牟氏庄园作为一种文化载体，是地域文化的体现。与作为文化载体的其他物质形态，如农耕文化、剪纸文化、戏曲文化、饮食文化与建筑文化共同构成了一个地区的文化特色。

牟氏庄园建筑群保留较为完整，局部历史环境尚存，遗留古迹范围内环境优美，是栖霞市重要的文化景点，也是当地的重要文化资源，对地方社会文化和旅游发展具有积极的促进作用。

第二章　文物保存现状评估

依据文物概况和价值研究及对牟氏庄园的整体认识，对文物现状进行调查和评估，发现各自所面临的问题及相关影响因素，掌握变化趋势，为合理制定保护措施提供依据和认识。

第一节　真实性评估

一、评估标准

根据《实施保护世界文化遗产与自然遗产公约的业务指南》（下文简称《遗产公约指南》）82条，依据文化遗产类别和其文化背景，如果遗产文化价值的特征（外形和设计；材料和实体；用途和功能；传统、技术和管理体制；方位和位置；语言和其他形式的非物质遗产；精神和感受；其他内外因素）是真实可信的，则被认为具有真实性。依照牟氏庄园的文物价值，牟氏庄园真实性的评估主要针对以下方面：

1. 外形和设计、材料和实体。

2. 功能和用途：文物现状是否真实地反映多伦诺尔古建筑群各时期的历史功能。

3. 原料与材料：文物建筑的修缮是否采用传统工艺和传统材料。

4. 位置与环境：空间位置是否变化，周围环境是否仍保持历史环境的主要特征。

5. 精神和感受：象征意义、精神感染力以及人们对它的文化认同感是否发生变化。

遗产评估要点表

文物构成		评估要点
文物本体	空间格局	以清代多伦诺尔古建筑群的空间格局为真实性评价的主要方面（包括空间格局、道路格局等）。 考虑多伦诺尔古建筑群原有分布特征（包括建筑与道路空间分布关系等）。
	文物建筑及院落	文物建筑和院落是否保持历史原貌；历史上的改建新建均视为真实性的一部分；民国后进行的改建扩建视为人为不当改造。 文物建筑的修缮是否以传统材料按照传统工艺和技术修建。

二、真实性评估

根据上述评估标准，具体评估如下。

牟氏庄园真实性评估表

评估要点		较好方面	较差方面
形式与设计	空间格局	牟氏庄园选址在栖霞市北部的古镇都村，北靠凤凰山（或称凤彩山），南临汶水河。 白洋河经过牟氏家族多次改道，最终使其在庄园前转折处形成开阔的水景。 牟氏庄园南侧的接待、办公、商业用房经过近期的改造，在体量、色彩和布局上基本与庄园建筑相协调。	牟氏庄园周边环境改变较大，由于经过百年的地质变化以及人为的开山扩路，现在许多的山峦已经不复存在了，尤其是北侧城市道路交通的发展将庄园与丘陵地分割开。 牟氏庄园西侧的村建筑多数为19世纪80年代农村民宅建筑与庄园建筑极不协调，少数传统风貌建筑残损严重。
	文物建筑及院落	牟氏庄园六组建筑主体院落格局保留完整，基本反映了清代到民国的原有历史状况。 每组院落中轴线上的主要建筑包括门厅、前厅、大厅、寝楼、小楼、北群房等，基本保存完整。	西忠来四进院落，少爷楼建筑损毁，现为建筑遗址；其后面新建戏台，风貌极不协调。 宝善堂北群房，西群房等建筑木构架年久失修；瓦顶残损严重，椽板受到风雨侵蚀，残损严重。 旅游开发的需要，少部分院落内存在不当搭建。 旅游开发组织游客参观路线的需要拆除了部分院落的围墙，围墙的完整性受到破坏。
原料与材料		大部分建筑仍为清代或民国时期木构建筑，建筑材料仍保持原样。	西忠来四进院落新建戏台采用现代砖混结构，与传统建筑不协调。 旅游开发后因办公利用需要，对部分建筑物的室内装修进行了改造，与历史风貌存在差距。

续 表

评估要点	较好方面	较差方面
用途与功能	1970年牟氏庄园建筑群作为展览院对外开放。 主要文物建筑的形式和布局仍反映牟氏庄园的历史功能。 目前由牟氏庄园管理委员会统一管理，并建立了科学合理的管理体制。	陈列展览手段较为陈旧落后，牟氏庄园的历史研究相对较为薄弱，资料缺乏。 缺少文物管理和文物库房等辅助用房。
位置与环境	牟氏庄园保持原址原状，主要建筑遗存仍在原址保留完整，相对空间关系准确清晰。 院落内的景观特征保留完整。	宝善堂西侧新建仿古建筑——牟氏庄园学堂，原有历史环境有所改变。 牟氏庄园北侧外为城市交通干道，南侧河对面大量现代居住建筑的出现，破坏了牟氏庄园的视觉通廊景观。 牟氏庄园西侧村落新建房屋风貌较现代，对原有的环境风貌有所破坏。
精神与情感	牟氏庄园以其270多年的深厚文化底蕴，承载中国封建社会末期地主家族厚重的历史变迁。 整个庄园系统地展现了封建地主阶级产生、发展及其灭亡过程，使牟氏庄园成为一部反映封建地主阶级生活的“实物百科全书”。 是栖霞市重要的文化遗产地之一。	部分保护范围内建筑物被不正当利用，长期缺乏保护维修经费，对建筑物本体造成一定破坏。

三、真实性评估结论

牟氏庄园总体上仍保留完整，建筑群和院落基本保留了历史格局和风貌，延续了文物真实的历史信息，能够准确反映历史格局和功能，真实性较好。

由于城市建设的原因，大量新建的现代化建筑距离牟氏庄园古建筑群落太近，新建建筑缺少对牟氏庄园历史风貌的考虑，对牟氏庄园原有的历史环境和视线景观造成严重的破坏。

主要建筑遗存存在年久失修、构件老化、墙体坍塌、台基风化等情况，导致文物本体的真实信息难以有效延续。

牟氏庄园在中国近现代封建地主阶级产生、发展及其灭亡过程的历史研究中仍保持重要的情感价值，目前在保护维修和对外宣传上还存在差距。

第二节　完整性评估

一、评估标准

根据《遗产公约指南》88 条，完整性用来衡量自然和（或）文化遗产及其特征的整体性和无缺憾性。因而，审查遗产完整性就要评估遗产满足以下特征的程度，包括所有表现其突出的普遍价值的必要因素；形体上足够大，确保能完整地代表体现遗产价值的特色和过程；受到发展的负面影响和 / 或被忽视。

上述条件需要在完整性陈述中进行论述。

根据《遗产公约指南》88 条，牟氏庄园完整性的评估主要从以下几方面进行：

体现文物价值的必要因素：指作为牟氏庄园旧址的所有价值载体在整体上的存留程度。

空间和视域范围：牟氏庄园历史格局的完整程度，以及在周边环境中是否保留完整的历史景观视域。

历史文化层面：作为牟氏家族历史变迁的实证，以及山东胶东地区地主阶级历史的重要见证，现存的遗产要素是否能完整地体现这种历史文化。

二、完整性评估

根据上述评估标准，具体评估如下。

牟氏庄园完整性评估表

评估要点	较好方面	较差方面
体现文物价值的必要因素（物质载体的完整性）	作为牟氏庄园旧址的主要建筑物基本保留完整；主要院落和围墙格局基本保留完整。 建筑整体布局，空间关系基本保留完整。	西忠来四进院落，少爷楼建筑损毁，现为建筑遗址；其后面新建戏台，风貌极不协调。 宝善堂北群房，西群房等建筑木构架年久失修；瓦顶残损严重，椽板受到风雨侵蚀，残损严重。
空间和视域范围	保护范围四周为道路、河流和村落，能够保证主要保护范围不受进一步侵占。 院落环境中的基本保持历史风貌，院落内景观受到保护的力度较大。	大规模的现代化城市建设与改造工程，使得牟氏庄园所需的保护管理和展示空间日益狭窄，周边大量的居住建筑和城市道路严重破坏了历史环境。

续 表

评估要点	较好方面	较差方面
文化层面	牟氏庄园保存完整，能反映近代地主庄园制度的原貌。	作为珍贵的文化遗产地目前存在文物建筑损坏：缺乏保护经费等问题，急待保护和合理利用。 文化挖掘较差，整体的历史文化魅力不能得到完整全面的发挥。

三、完整性评估结论

牟氏庄园的原有格局基本保存完整，主要建筑以及院落大部分保存完整，文物本体完整性较好。

空间和视域范围受到城市开发建设的影响，历史环境遭到一定程度破坏。

在文化层面上，保存较完整的建筑群能清楚地反映地主庄园制度，历史环境的丧失使得牟氏庄园建筑的历史氛围遭到严重破坏。

第三节　遗产保存现状评估

牟氏庄园遗产对象包括建筑、围墙、院落、附属文物等。根据价值评估和保护对象认定，分别对其进行保存现状评估。

一、建筑遗存现状评估

（一）评估标准

参照《古建筑木结构维护与加固技术规范》（GB50165-92）4.1.4 条，对古建筑涉及结构安全的残损等级分为四类。

Ⅰ类建筑：承重结构中原有的残损点均已得到正确处理，尚未发现新的残损点或残损征兆。

Ⅱ类建筑：承重结构中原先已修补加固的残损点，有个别需要重新处理；新近发现的若干残损迹象需要进一步观察和处理，但不影响建筑物的安全和使用。

Ⅲ类建筑：承重结构中关键部位的残损点或其组合已影响结构安全和正常使用，

有必要采取加固或修理措施，但尚不致立即发生危险。

Ⅳ类建筑：承重结构的局部或整体已处于危险状态，随时可能发生意外事故，必须立即采取抢修措施。

牟氏庄园现有建筑的现状评估中，列入评估的残损因素包括建筑结构、小木装修、建筑屋顶、建筑墙体四项。各项评价等级为：严重、一般、轻微、基本完好，具体标准规定如下。

牟氏庄园建筑残损鉴定因素标准表

鉴定因素	缺失	基本完好	轻微	一般	严重
建筑结构	缺失	保留完整	主体结构完整，部分构件残损	主体结构完整，构件损毁较多	主体结构残损严重
墙体	无	保留完整	保留完整，局部墙面粉刷剥落	整体基本尚在，墙体破损现象普遍	墙体结构损毁严重，墙体缺失或坍塌
屋顶	无	保留完整	保留完整，瓦片装饰构件部分残损	基本完整，瓦片装饰构件缺失，残损普遍	屋面存在漏雨，植被青苔侵害，瓦面及装饰构件缺失严重
地面	无	保留完整	保留完整，局部地面面层剥落	整体基本尚在，地面破损现象普遍	地面损毁严重，局部较大裂缝或不均匀沉降
小木	无	保留完整	保留完整，部分构件残损严重	基本保留完整，大量构件存在缺失或残损	不完整，缺失严重，构件残损严重
装饰	无	保留完整	保留完整，部分构件残损严重	基本保留完整，大量构件存在缺失或残损	不完整，缺失严重，构件残损严重

每项因素评估分为4级，按残损严重程度记1～4分，“严重”记1分，“一般”记2分，“轻微”记3分，“完好”记4分；通过综合评分确定各个建筑的残损等级。

（二）建筑遗存现状评估

根据上述设定的四项参数对栖霞牟氏庄园现有建筑物进行综合评估，确定结构可靠性等级。

牟氏庄园建筑遗存现状评估表

建筑编号	建筑名称	建造年代	结构可靠性						
			大木残损	墙体残损	小木残损	瓦顶残损	地面残损	装饰残损	结构可靠性
RXT-B01	日新堂西南群	清代	轻微	轻微	一般	轻微	基本完好	一般	Ⅰ类建筑
RXT-B02	日新堂门房	清代	轻微	轻微	一般	轻微	残破	一般	Ⅰ类建筑
RXT-B03	日新堂东南群	清代	轻微	一般	一般	一般	残破	一般	Ⅰ类建筑
RXT-B04	东厢	清代	一般	严重	一般	一般	残破	一般	Ⅲ类建筑
RXT-B05	账房	清代	轻微	一般	一般	严重	残破	一般	Ⅰ类建筑
RXT-B06	牟氏租佃	清代	轻微	一般	轻微	轻微	残破	一般	Ⅰ类建筑
RXT-B07	门房	清代	轻微	轻微	一般	轻微	残破	一般	Ⅰ类建筑
RXT-B08	祭祀厅	清代	一般	一般	一般	一般	沉降	一般	Ⅱ类建筑
RXT-B09	群房	清代	轻微	一般	轻微	轻微	残破	一般	Ⅰ类建筑
RXT-B10	群房	清代	一般	一般	一般	轻微	基本完好	一般	Ⅰ类建筑
RXT-B11	农具室	清代	一般	一般	轻微	一般	残破	一般	Ⅱ类建筑
RXT-B12	寝楼	清代	一般	严重	一般	一般	残破	一般	Ⅲ类建筑
RXT-B13	群房	清代	轻微	一般	一般	一般	残破	一般	Ⅰ类建筑
RXT-B14	群房	清代	一般	一般	一般	一般	残破	一般	Ⅱ类建筑
RXT-B15	牟墨林故居	清代	一般	轻微	一般	轻微	残破	一般	Ⅰ类建筑
RXT-B16	酒坊	清代	一般	一般	一般	一般	残破	一般	Ⅱ类建筑
RXT-B17	门房	清代	严重	一般	一般	一般	严重残破沉降	一般	Ⅲ类建筑
RXT-B18	群房	清代	一般	一般	一般	一般	残破	一般	Ⅱ类建筑
RXT-B19	墨宝斋	清代	一般	一般	一般	一般	残破	一般	Ⅱ类建筑
RXT-B20	宝艺斋	清代	一般	一般	一般	一般	残破	一般	Ⅱ类建筑
RXT-B21	药铺	清代	一般	一般	一般	一般	残破	一般	Ⅱ类建筑
RXT-B22	后群房	清代	一般	一般	一般	一般	残破	一般	Ⅱ类建筑
RXT-FB01	日新堂粉坊	清代	一般	一般	一般	严重	基本完好	一般	Ⅱ类建筑
RXT-FB02	日新堂粉坊	清代	一般	一般	一般	严重	基本完好	一般	Ⅱ类建筑
RXT-FB03	日新堂粉坊	清代	一般	一般	一般	一般	基本完好	一般	Ⅱ类建筑
RXT-FB04	日新堂粉坊	清代	一般	一般	一般	一般	基本完好	一般	Ⅱ类建筑

续　表

建筑编号	建筑名称	建造年代	结构可靠性						
			大木残损	墙体残损	小木残损	瓦顶残损	地面残损	装饰残损	结构可靠性
RXT-FB05	日新堂粉坊	清代	一般	一般	一般	一般	基本完好	一般	Ⅱ类建筑
RXT-FB06	日新堂粉坊	清代	一般	一般	一般	一般	基本完好	一般	Ⅱ类建筑
RXT-FB07	后加建房	2000年~至今	一般	一般	一般	一般	不详	一般	Ⅱ类建筑
XZL-B01	西忠来西南群	清代	一般	轻微	一般	一般	基本完好	一般	Ⅰ类建筑
XZL-B02	西忠来门房	清代	轻微	一般	一般	一般	基本完好	一般	Ⅰ类建筑
XZL-B03	西忠来东南群	清代	轻微	一般	一般	严重	基本完好	一般	Ⅰ类建筑
XZL-B04	西厢	清代	一般	严重	一般	一般	基本完好	一般	Ⅱ类建筑
XZL-B05	序馆一	清代	一般	一般	一般	一般	残破	一般	Ⅱ类建筑
XZL-B06	门房	清代	一般	一般	一般	一般	基本完好	一般	Ⅰ类建筑
XZL-B07	体恕厅	清代	一般	严重	一般	一般	基本完好	一般	Ⅱ类建筑
XZL-B08	群房	清代	轻微	一般	一般	严重	残破	轻微	Ⅱ类建筑
XZL-B09	小姐楼	清代	一般	一般	一般	一般	残破	一般	Ⅱ类建筑
XZL-B10	佛堂	清代	一般	严重	一般	严重	残破	一般	Ⅲ类建筑
XZL-B11	少爷楼	清代							不详
XZL-B12	群房	清代	一般	一般	一般	一般	严重残破沉降	一般	Ⅲ类建筑
XZL-B13	剪纸楼	清代	一般	一般	一般	严重	残破	一般	Ⅲ类建筑
XZL-B14	戏楼	2000年~至今	一般	一般	一般	一般	基本完好	一般	Ⅰ类建筑
DZL-B01	东忠来门房	民国	轻微	一般	轻微	一般	残破	一般	Ⅰ类建筑
DZL-B02	东忠来南群房	民国	轻微	一般	一般	一般	残破	一般	Ⅰ类建筑
DZL-B03	账房	民国	一般	一般	一般	一般	残破	一般	Ⅱ类建筑
DZL-B04	序馆二	民国	一般	严重	轻微	严重	残破	一般	Ⅲ类建筑
DZL-B05	粮仓	民国	轻微	一般	轻微	一般	严重残破沉降	一般	Ⅰ类建筑
DZL-B06	东忠来客厅	民国	一般	一般	一般	严重	残破	一般	Ⅲ类建筑
DZL-B07	无	民国	一般	一般	一般	严重	严重残破沉降	一般	Ⅲ类建筑

续　表

建筑编号	建筑名称	建造年代	结构可靠性						
			大木残损	墙体残损	小木残损	瓦顶残损	地面残损	装饰残损	结构可靠性
DZL-B08	寝室	民国	一般	一般	一般	一般	严重残破沉降	轻微	Ⅲ类建筑
DZL-B09	小伙房	民国	一般	一般	一般	严重	残破	一般	Ⅲ类建筑
DZL-B10	寝楼	民国	一般	一般	一般	一般	残破	一般	Ⅱ类建筑
DZL-B11	无	民国	一般	一般	一般	一般	残破	一般	Ⅱ类建筑
DZL-B12	群房	民国	一般	一般	一般	一般	残破	一般	Ⅱ类建筑
DZL-B13	群房	民国	一般	一般	一般	一般	残破	一般	Ⅱ类建筑
DZL-B14	无	民国	一般	一般	一般	一般	残破	一般	Ⅱ类建筑
DZL-B15	寝楼	民国	一般	一般	一般	严重	残破	一般	Ⅲ类建筑
DZL-B16	东厢	民国	一般	一般	一般	严重	残破	一般	Ⅲ类建筑
DZL-B17	西厢	民国	一般	一般	一般	一般	残破	一般	Ⅱ类建筑
DZL-B18	群房	民国	一般	一般	一般	一般	基本完好	一般	Ⅰ类建筑
DZL-B19	墨林馆	民国	一般	一般	一般	一般	残破	一般	Ⅱ类建筑
BST-B01	陈列科	清代	轻微	一般	一般	一般	残破	一般	Ⅰ类建筑
BST-B02	门房	清代	轻微	严重	一般	一般	残破	一般	Ⅱ类建筑
BST-B03	文物科	清代	一般	一般	一般	一般	残破	一般	Ⅱ类建筑
BST-B04	东群房	清代	一般	一般	一般	一般	残破	一般	Ⅱ类建筑
BST-B05	寿堂	清代	一般	一般	一般	一般	残破	一般	Ⅱ类建筑
BST-B06	无名楼	清代	一般	严重	一般	严重	严重残破沉降	严重	Ⅳ类建筑
BST-B07	无名楼	清代	严重	严重	严重	严重	严重残破沉降	严重	Ⅳ类建筑
BST-B08	喜堂西厢房	清代	一般	一般	一般	一般	残破	一般	Ⅱ类建筑
BST-B09	喜堂东厢房	清代	一般	一般	一般	一般	残破	一般	Ⅱ类建筑
BST-B10	西群房	清代	严重	严重	严重	严重	严重残破沉降	严重	Ⅳ类建筑
BST-B11	喜堂	清代	轻微	轻微	轻微	一般	残破	一般	Ⅰ类建筑
BST-B12	后进院西厢房	清代	一般	一般	一般	严重	残破	一般	Ⅲ类建筑

续　表

建筑编号	建筑名称	建造年代	结构可靠性						
			大木残损	墙体残损	小木残损	瓦顶残损	地面残损	装饰残损	结构可靠性
BST-B13	后进院东厢房	清代							不详
BST-B14	东群房	清代	一般	一般	一般	一般	残破	一般	Ⅱ类建筑
BST-B15	北群房	清代	严重	严重	严重	严重	严重残破沉降	严重	Ⅳ类建筑
NZL-B01	无	清代	一般	一般	一般	严重	残破	一般	Ⅲ类建筑
NZL-B02	南忠来门房	清代	一般	一般	一般	一般	基本完好	一般	Ⅰ类建筑
NZL-B03	无	清代	一般	一般	一般	一般	残破	一般	Ⅱ类建筑
NZL-B04	历史博物馆	清代	一般	一般	一般	一般	残破	一般	Ⅱ类建筑
NZL-B05	客厅	清代	一般	严重	一般	一般	残破	一般	Ⅲ类建筑
NZL-B06	无	清代	一般	严重	一般	一般	残破	一般	Ⅲ类建筑
NZL-B07	门房	清代	一般	一般	一般	一般	残破	一般	Ⅱ类建筑
NZL-B08	无	清代	一般	轻微	一般	一般	残破	严重	Ⅰ类建筑
NZL-B09	太房	清代	一般	一般	一般	一般	残破	一般	Ⅱ类建筑
NZL-B10	无	清代	一般	一般	一般	严重	残破	一般	Ⅲ类建筑
NZL-B11	无	清代	一般	一般	一般	一般	残破	一般	Ⅱ类建筑
FY-B01	郝懿行宫	民国	一般	一般	一般	一般	基本完好	一般	Ⅰ类建筑
FY-B02	阜有门房	民国	一般	一般	一般	一般	残破	一般	Ⅱ类建筑
FY-B03	阜有南群房	民国	一般	一般	一般	一般	基本完好	一般	Ⅰ类建筑
FY-B04	无	民国	一般	一般	一般	严重	基本完好	一般	Ⅱ类建筑
FY-B05	历史文物馆	民国	一般	一般	一般	一般	残破	一般	Ⅱ类建筑
FY-B06	客厅	民国	一般	一般	一般	一般	基本完好	一般	Ⅰ类建筑
FY-B07	无	民国	一般	一般	一般	一般	残破	一般	Ⅱ类建筑
FY-B08	无	民国	一般	一般	一般	一般	基本完好	一般	Ⅰ类建筑
FY-B09	门房	民国	一般	一般	一般	轻微	基本完好	一般	Ⅰ类建筑
FY-B10	无	民国	一般	轻微	一般	一般	基本完好	一般	Ⅰ类建筑
FY-B11	寝楼	民国	一般	轻微	一般	一般	基本完好	一般	Ⅰ类建筑

续 表

建筑编号	建筑名称	建造年代	结构可靠性						
			大木残损	墙体残损	小木残损	瓦顶残损	地面残损	装饰残损	结构可靠性
FY-B12	无	民国	一般	一般	一般	一般	基本完好	一般	Ⅰ类建筑
FY-B13	无	民国	一般	一般	一般	一般	残破	一般	Ⅱ类建筑
FY-B14	无	民国	一般	一般	一般	严重	基本完好	一般	Ⅱ类建筑
FY-B15	无	民国	一般	一般	一般	严重	基本完好	一般	Ⅱ类建筑
FY-B16	北群房	民国	一般	一般	一般	一般	基本完好	一般	Ⅰ类建筑
FY-B17	无	民国	一般	一般	一般	一般	基本完好	一般	Ⅰ类建筑

（三）建筑遗存现状评估结论

文物建筑整体情况尚好，但是受自然力侵害，檩椽糟朽，墙体酥碱剥落以及屋顶漏雨和植物病害等损毁现象仍普遍存在。部分建筑基础不均匀沉降，部分建筑瓦件松散破碎，严重漏雨；地面铺墁破碎较为普遍。

主体建筑群部分经过维修，日常的管理到位，建筑保存较好；但是部分建筑如BST-B10后院东厢房，BST-B12西群房，BST-B15北群房，由于自然损害和人为搭建，大木结构和墙体破坏严重，结构可靠性较差，亟须修缮。

牟氏庄园古建筑遗存中，32%为Ⅰ类建筑，46.6%为Ⅱ类建筑，17.5%为Ⅲ类建筑，3.9%为Ⅳ类建筑。大部分建筑遗存的结构可靠性相对较一般。

二、围墙遗存现状评估

（一）评估标准

牟氏庄园的围墙即原牟氏庄园的围墙，在现状评估中，对墙体风貌、墙体材料以及残损情况三项进行分别评价。其中，残损评价等级为五类：严重、一般、轻微、基本完好、缺失。

残损等级划分表

墙体残损评价等级	内容说明
严重	墙体缺失；墙基严重风化；墙体剥落开裂严重；檐部缺失或人为改造；植被侵害严重
一般	墙体整体尚在，无结构安全危险，残损现象普遍
轻微	墙体基本完整，局部残损或人为改造
基本完好	墙体完整，没有明显残损或人为改造
缺失	因历史原因，原有墙体缺失

（二）围墙遗存现状评估

根据上述三项参数，对每段院墙的现状进行综合评定，评定结论如下。

围墙遗存现状评估表

围墙编号	围墙墙体材料	墙体风貌	残损等级
rxt-w01	条石基，青砖与抹灰墙	传统	一般
rxt-w02	条石基，青砖与抹灰墙	传统	一般
rxt-w03	清水砖墙	传统	基本完好
rxt-w04	条石基，青砖与抹灰墙	传统	轻微
rxt-w05	条石基，青砖与抹灰墙	传统	一般
rxt-w06	条石基，青砖与抹灰墙	传统有特色	一般
rxt-w07	清水砖墙	传统	基本完好
rxt-w08	条石基，青砖与抹灰墙	传统有特色	一般
rxt-w09	条石基，青砖与抹灰墙	传统	轻微
rxt-w10	条石基，青砖与抹灰墙	传统	一般
rxt-w11	条石基，青砖与抹灰墙	传统	一般
rxt-w12	条石基，青砖与抹灰墙	传统	一般
xzl-w01	条石基，青砖与抹灰墙	传统有特色	一般
xzl-w02	清水砖墙	传统	一般
xzl-w03	条石基，青砖与抹灰墙	传统	轻微
xzl-w04	条石基，青砖与抹灰墙	传统有特色	轻微
xzl-w05	条石基，青砖与抹灰墙	传统有特色	一般

续 表

围墙编号	围墙墙体材料	墙体风貌	残损等级
xzl-w06	清水砖墙	传统	一般
dzl-w01	条石基，青砖与抹灰墙	传统	一般
dzl-w02	条石基，青砖与抹灰墙	传统	一般
dzl-w03	条石基，青砖与抹灰墙	传统有特色	一般
dzl-w04	条石基，青砖与抹灰墙	传统	一般
dzl-w05	条石基，青砖与抹灰墙	传统	一般
dzl-w06	条石基，青砖与抹灰墙	传统有特色	一般
dzl-w07	条石基，青砖与抹灰墙	传统有特色	基本完好
dzl-w08	条石基，青砖与抹灰墙	传统	轻微
dzl-w09	条石基，青砖与抹灰墙	传统	轻微
dzl-w10	条石基，青砖与抹灰墙	传统	基本完好
dzl-w11	条石基，青砖与抹灰墙	传统	基本完好
dzl-w12	条石基，青砖与抹灰墙	传统	一般
dzl-w13	条石基，青砖与抹灰墙	传统	一般
dzl-w14	条石基，青砖与抹灰墙	传统	一般
dzl-w15	条石基，青砖与抹灰墙	传统	一般
dzl-w16	条石基，青砖与抹灰墙	传统有特色	一般
dzl-w17	条石基，青砖与抹灰墙	传统	一般
dzl-w18	条石基，青砖与抹灰墙	传统	一般
bst-w01	条石基，青砖与抹灰墙	传统	严重
bst-w02	条石基，青砖与抹灰墙	传统有特色	轻微
bst-w03	条石基，青砖与抹灰墙	传统	一般
bst-w04	条石基，青砖与抹灰墙	传统	严重
bst-w05	清水砖墙	不协调	严重
bst-w06	清水砖墙	传统	一般
bst-w07	清水砖墙	新建协调	一般
bst-w08	清水砖墙	新建协调	严重
bst-w09	清水砖墙	新建协调	严重

续　表

围墙编号	围墙墙体材料	墙体风貌	残损等级
bst-w10	条石基，虎皮石与抹灰	不协调	一般
bst-w11	条石基，虎皮石与抹灰	传统有特色	一般
bst-w12	条石基，虎皮石与抹灰	传统	一般
fy-w01	矮条石护墙	传统	一般
fy-w02	矮条石护墙	传统	一般
fy-w03	矮条石护墙	传统	一般
fy-w04	条石基，青砖与抹灰墙	传统	一般
fy-w05	条石基，青砖与抹灰墙	传统	一般
fy-w06	条石基，青砖与抹灰墙	传统有特色	一般
fy-w07	条石基，青砖与抹灰墙	传统	严重
fy-w08	条石基，青砖与抹灰墙	传统	一般
fy-w09	条石基，青砖与抹灰墙	传统	一般
fy-w10	条石基，青砖与抹灰墙	传统	轻微
fy-w11	条石基，青砖与抹灰墙	传统有特色	一般
fy-w12	虎皮石基，青砖与抹灰	传统	一般
fy-w13	虎皮石基，青砖与抹灰	传统	一般
fy-w14	条石基，青砖与抹灰墙	传统	一般
fy-w15	条石基，青砖与抹灰墙	传统	一般
fy-w16	条石基，青砖与抹灰墙	传统	一般
fy-w17	条石基，青砖与抹灰墙	传统	一般
fy-w18	条石基，青砖与抹灰墙	传统	一般
fy-w19	条石基，青砖与抹灰墙	传统	轻微
nzl-w01	矮条石护墙	传统	一般
nzl-w02	条石基，青砖与抹灰墙	传统	一般
nzl-w03	条石基，青砖与抹灰墙	传统	一般
nzl-w04	条石基，青砖与抹灰墙	传统有特色	严重
nzl-w05	条石基，青砖与抹灰墙	传统有特色	轻微
nzl-w06	条石基，青砖与抹灰墙	传统有特色	基本完好

续 表

围墙编号	围墙墙体材料	墙体风貌	残损等级
nzl-w07	条石基，青砖与抹灰墙	传统有特色	一般
nzl-w08	条石基，青砖与抹灰墙	传统	轻微
nzl-w09	条石基，青砖与抹灰墙	传统	基本完好
nzl-w10	虎皮石基，青砖与抹灰	传统	轻微
nzl-w11	虎皮石基，青砖与抹灰	传统	一般
nzl-w12	条石基，青砖与抹灰墙	传统	一般
nzl-w13	虎皮石基，青砖与抹灰	传统	一般
nzl-w14	虎皮石基，青砖与抹灰	传统	一般
nzl-w15	条石基，青砖与抹灰墙	传统	严重

（三）围墙遗存现状评估结论

牟氏庄园围墙多为清代、民国时期遗存，经过整修，现状约 90% 遗留完整。

由于庄园旅游开发，为组织游客参观流线需要拆毁部分院墙，并在院墙上开门洞，对院墙的完整性造成较大破坏。

现状保留围墙有专人管理和维护，保存较好；部分墙体存在后期人为不当改造。

庄园院落北部围墙长期缺乏保护维修，受自然力影响，墙基普遍存在严重风化，墙体粉刷开裂严重，大部分墙檐部位损坏严重和不当改造。

各段墙体可靠性中，23% 保留尚好或轻微残损，67% 为存在破损，10% 为墙体破损严重。靠近因旅游开发拆除的墙体未列入统计范围。

三、附属文物现状评估

（一）评估标准

调研发现，牟氏庄园的附属文物包括石雕门鼓、石砌花墙、石毯、湘绣寿帐、古井、古树等若干。

对每个附属文物分别按文物类型、年代、现状保护措施、残损情况、危害因素五个方面进行现状评估。

评估结论分为A（良好）、B（较好）、C（一般）、D（较差）四类等级进行综合评定。

附属文物残损评估标准表

评估结论		A	B	C	D
附属文物	石雕门鼓	保存完好，整洁完整	构件基本完整，局部残损，少量污渍	构件部分缺失，残损较严重，大量污渍	基本残坏，构件大部分遗失
	石砌花墙石毯	基本完好，文饰可辨识	基本完好，表面局部剥蚀，或局部不可辨识	表面大面积剥蚀，或大部分文饰不可辨识	石碑剥蚀，或大部分文饰不可辨识
	湘绣寿帐	基本完好	基本完整，局部残损或改造	整体不完整，部分缺失或明显改造	消失或完全改造
	古井	保存完好，整洁完整	构件基本完整，局部残损，少量污渍	构件部分缺失，残损较严重，大量污渍	基本残坏，构件大部分遗失
	古树	保存完好，茂盛	枝干保存完好，无病虫害	枝干少量残缺，少量病虫害	枝干严重残缺，病虫害严重

（二）附属文物现状评估

针对石雕门鼓、石砌花墙、石毯、湘绣寿帐、古树等的保存现状，进行残损评估。

附属文物残损评估表

附属文物编	附属文物名	附属文物类	年代	现状保护措	残损状况	主要危害因素
H-R01	石雕门鼓	门鼓	清代	无	一般	风化、人为破坏
H-R02	石砌花墙	附属构筑物	清代	无	一般	风化、人为破坏
H-R03	石毯	附属构筑物	清代	无	严重	风化、人为破坏
H-R04	湘绣寿帐	刺绣	民国时期	有	严重	自然损害
H-R05	古树	古树	清代	无	严重	虫害
H-R06-08	古井	古井	清代	无	一般	风化、人为破坏

（三）附属文物现状评估结论

牟氏庄园主要的附属文物主要为石质构件，如石雕门鼓、石砌花墙、石毯等。均为清代庄园内遗留，仍保留在庄园内，石质构件易受自然风化的影响，残损较为严重。

石毯在牟氏庄园主入口西忠来大门内，每日经过的游客很多，对石毯的磨损较为严重。

日新堂门前的古树基本保存完好，树木曾受到病虫侵害，也及时得到防治。

四、文物院落现状评估

（一）评估标准

选取地面铺装、绿化状况、院落景观、铺装残损四项参数对院落进行评估。

评估结论分四等级：A（良好）、B（一般）、C（较差）、D（严重）；评估标准描述如下。

院落评估标准表

评估结论	A	B	C	D
院落	基本具备院落要素，景观优美，风貌协调，地面基本完好。	院落部分要素残缺，风貌基本协调，或地面铺装有残损。	院落要素严重残缺，或各要素残损严重。	院落各要素基本残坏，整体风貌极不协调。

（二）文物院落现状评估

评估对象为牟氏庄园中轴线上的现存各院落，和东西轴线上的院落。

院落现状评估表

院落编号	铺装材料	绿化有无	铺装残损	院落景观评价	综合评价
RXT-Y01	石材	无	轻微	和谐美观	B
RXT-Y02	石材	有	轻微	和谐美观	B
RXT-Y03	石材	有	轻微	和谐美观	B
RXT-Y04	石材	无	一般	和谐美观	C
RXT-Y05	石材	无	一般	和谐美观	D
RXT-Y06	石材	有	轻微	和谐美观	B
RXT-Y07	石材	有	一般	和谐美观	C
RXT-Y08	碎石土	无	严重	不和谐	D
XZL-Y01	虎皮石	无	轻微	古老美观	B
XZL-Y02	石材	有	严重	和谐美观	D

续　表

院落编号	铺装材料	绿化有无	铺装残损	院落景观评价	综合评价
XZL-Y03	石材	有	一般	和谐美观	C
XZL-Y04	石材	无	一般	和谐美观	C
XZL-Y05	卵石	无	一般	和谐美观	C
XZL-Y06	卵石	无	严重	不和谐	D
DZL-Y01	石材	有	严重	和谐美观	D
DZL-Y02	卵石	无	一般	和谐美观	C
DZL-Y03	石材	有	一般	和谐美观	C
DZL-Y04	卵石	无	一般	和谐美观	C
DZL-Y05	石材	无	严重	和谐美观	D
DZL-Y06	石材	无	严重	和谐美观	D
BST-Y01	石材	有	一般	和谐美观	C
BST-Y02	石材	有	一般	和谐美观	C
BST-Y03	卵石	无	严重	和谐美观	D
BST-Y04	卵石	有	严重	和谐美观	D
BST-Y05	碎石土	无	严重	极不和谐	D
BST-Y06	碎石土	无	严重	极不和谐	D
BST-Y07	卵石	无	严重	和谐美观	D
BST-Y08	碎石土	无	严重	极不和谐	D
BST-Y09	碎石土	无	严重	不和谐	D
NZL-Y01	石材	无	严重	和谐美观	D
NZL-Y02	卵石	无	一般	和谐美观	C
NZL-Y03	石材	无	一般	和谐美观	C
NZL-Y04	石材	无	一般	和谐美观	C
NZL-Y05	石材	有	一般	和谐美观	C
NZL-Y06	卵石	无	一般	和谐美观	C
NZL-Y07	石材	无	严重	和谐美观	D
NZL-Y08	石材	有	严重	和谐美观	D
NZL-Y09	碎石土	无	严重	不和谐	D

续 表

院落编号	铺装材料	绿化有无	铺装残损	院落景观评价	综合评价
FY-Y01	石材	无	一般	和谐美观	C
FY-Y02	石材	有	严重	和谐美观	D
FY-Y03	石材	无	一般	和谐美观	C
FY-Y04	石材	无	一般	和谐美观	C
FY-Y05	石材	有	一般	和谐美观	C
FY-Y06	卵石	无	一般	和谐美观	C
FY-Y07	石材	有	一般	和谐美观	C

（三）文物院落现状评估结论

评估对象为牟氏庄园用地各个轴线上的现存院落。古建筑群的大部分院落因为管理完善，整修及时，保留较好。

院落排水利用场地自然高差，以明沟排水为主、暗沟排水为辅的方式。暗沟主要位于第一进院落和第二进院落，暗沟排水部分容易造成排水不畅、积水灌入建筑地基的情况。

各院落的北部院落普遍存在因缺少管理、年久失修而杂草丛生的情况；院落内铺地破损，垃圾众多，例如宝善堂北部院落常年存有垃圾堆放于院内，不但影响建筑群落整体风貌，且直接威胁院落安全。

评估结论，11% 为轻微，48.8% 为一般，40.2% 为破损严重。

第三章　环境评估

研究范围以牟氏庄园为中心（地理坐标GPS点：东经120°49′47″，北纬37°19′07″），海拔132米。向四周各扩展一个街区，北至庄园路，东至霞光路，南至汶水河南岸，西至白洋河东岸。

第一节　周边用地评估

一、评估用地范围

牟氏庄园周边环境地区属于城乡接合部，此范围用地性质以村民居住和商业用地为主。它们对于牟氏庄园的文物保护、历史景观、交通管理等有较直接明显的影响，通过对周边各个地块性质对文物保护单位影响的调查，对用地性质进行评估。

二、用地使用状况评估

用地使用状况具体评估如下。

牟氏庄园地块和周边用地状况表

地块编号	用地性质	使用单位名称	影响情况	影响程度	面积（公顷）
地块01	C7 文物古迹用地	牟氏庄园	—	—	6.1
	C21 商业用地	商业街	和牟氏庄园同处一个地块内，紧邻古建筑群，现状较和谐。	建筑体量，建筑日常使用，外立面材料及风貌；建筑层数；屋顶形式等各个方面较好；	
	C1 行政办公用地	管理办公			
	S31 停车场用地	停车场			

续 表

地块编号	用地性质	使用单位名称	影响情况	影响程度	面积（公顷）
地块 02	G1 公共绿地	市政绿化	风貌和谐	较好	3.18
地块 03	R21 民宅用地 小加工厂	古镇都村普通民居；小加工厂；仓储用地；小商业	建筑体量，外立面材料及风貌；建筑层数；屋顶形式等各个方面不和谐	影响极大	3.7
地块 04	R21 民宅用地 C3 文化娱乐用地	民居，学校	建筑风貌较现代，对环境气氛的营造有一定的影响	影响一般	7.34
地块 05	农业用地	农业耕地	农林，绿地	较好	9.05
地块 06、07、08、09	R21 住宅用地 C21 商业用地 R21 住宅用地 U1 公用工程用地	普通住宅；商业；仓储、公厕、闲置	建筑多数为 90 年代后的住宅区	影响一般	17.06 9.0 13.72 12.23
道路用地	城市道路	周围道路和开放空间	城市道路系统网络，但道路的宽度、道路风貌、车流状况对庄园的环境气氛的塑造具有一定的影响	影响一般	—
水系用地	河流水系	水面开放空间	原有庄园水系，是构成庄园的环境气氛的一部分	较好	—

三、用地使用状况评估结论

牟氏庄园位于城乡接合地区，周边用地性质以既有城市居住建设用地，又有村民自住用地为主，夹杂着商业、办公、小旅馆、公共绿化用地等。用地性质的多样性，对文物古迹的保护和历史景观存在不利影响，严重损坏了牟氏庄园建筑群的历史环境。

牟氏庄园南面用地为近期改造商业区、展示区，建筑高度以一层为主，色彩以青石、灰砖、灰瓦、白墙为基调，建设形式采用当地传统地方风格，空间组合以四合院和坡屋顶为主，与庄园内的建筑风格保持协调。

牟氏庄园保护范围内古镇都村环境较差，经过几十年的变迁与原有的作坊、铺园格局差别较大，村内建筑、道路、景观较杂乱，对牟氏庄园现存古建筑形成安全隐患，并对整体建筑群落的管理、利用，以及发展规划的实施形成重大阻力。

牟氏庄园南面汶水河，西面白洋河为历史环境遗存，近年对沿河道路和绿化进行了改造，水面上新建通行桥梁，对庄园的文物保护工作具有有利的影响。

牟氏庄园东面为城市新建绿化广场，上有“耕读传家”的大型雕塑群；牟氏庄园北面为城市绿化带大兴林木区及庄园路北的凤彩山公园，生态环境较好，自然环境较优美。绿化景观虽然与历史格局不完全一致，但对建筑群形成较好的衬托感，有利于保护牟氏庄园建筑群的完整性和历史环境。

第二节　周边建筑评估

一、周边建筑环境现状

牟氏庄园周边建筑环境总体上可以描述如下：居住建筑区包括古镇都村、住宅楼，住宅底层商业、小商业、住区配套锅炉房等建筑；商业建筑包括沿街商业、小超市、餐饮建筑、小旅馆；办公建筑包括行政办公、商业办公楼；另有少量文化娱乐建筑；等等。

通过对周边建筑的建筑功能、建筑层数、屋顶形式、建筑材料等方面的调查，对周边建筑的建筑质量和建筑风貌进行评估。

周边建筑评估表

评估内容	现状	有效措施	尚存问题
建筑功能	周边建筑中现代住宅建筑、传统民宅建筑占82.6%，1106平方米； 商业建筑占8.5%，114平方米； 办公、宾馆、文化、学校建筑占1.9%，26平方米； 小厂房占2.8%，38平方米； 闲置、废弃建筑、牲畜棚圈占3.5%，47平方米； 公厕占0.7%，7平方米； 住宅建筑数量占绝对多数达到82.6%，商业建筑次之总体达到8.5%。	1.1988年政府公布了牟氏庄园的保护范围和控制地带，部分限制了牟氏庄园区域内新的建设活动。	1.除近期改造的建筑外，牟氏庄园周边建筑的建筑材料、高度等均与传统形式差异很大，汶水河南岸近期新建设的住宅楼等在建筑形式与风貌上与传统环境极不协调。

续　表

评估内容	现状	有效措施	尚存问题
建筑层数	一层的占 86.5%，1157 平方米； 二层的占 11.5%，155 平方米； 三层的占 0.4%，6 平方米； 三层以上的占 1.6%，20 平方米； 周边建筑最多是一二层，但低层建筑分布较集中，对古建筑群的影响较小。	2.2002 年村复旦大学完成牟氏庄园旅游规划。 3.2004 年对庄园南侧的村落 170 户居民进行了搬迁，将南侧用地改造为特色商业和餐饮接待等服务设施。建筑风貌基本与庄园建筑相协调。 4. 牟氏庄园所在的区域为城市城郊接合环境，属于栖霞市的北部入口区域，目前及时开展的文物保护规划有助于栖霞市未来经济文化的协调统筹和计划。	2. 临近建筑多是农村个人住宅，大部分为 1 ~ 2 层，房屋产权归个人所有，建筑加建、改建、搭建现象严重，建筑结构和形式混杂，风貌状况差，建筑的整治和改造难度较大。 3. 沿霞光路两侧为低层商业建筑，多是商品建筑开发建设，建筑风貌为现代仿古建筑，与传统环境不协调。 4，周围建筑基础设施缺乏，消防安全隐患严重，排水和垃圾处理等环卫基础设施不完善。
屋顶形式	传统坡屋顶占 1.9%，26 平方米； 局部坡屋顶占 2.5%，33 平方米； 现代平顶占 53.6%，718 平方米； 新建坡顶占 40.8%，546 平方米； 其他屋顶占 1.2%，15 平方米； 现代平顶建筑占绝大多数，对传统风貌存在严重影响。		
立面材料	红砖为主的占 2.6%，36 平方米； 面砖为主的占 2.2%，30 平方米； 青砖为主的占 8.6%，116 平方米； 青砖与抹灰的占 1.5%，20 平方米； 水泥的占 57.7%，773 平方米； 水泥基，抹灰面的占 3.2%，44 平方米； 条石基，青砖与抹灰的占 15.7%，210 平方米； 现代涂料的占 6.9%，92 平方米； 其他的占 1.6%，17 平方米； 可见周边建筑采用现代材料的仍占大部分，对传统风貌存在严重影响。		
建筑质量	所有建筑中， 较完好的占 7.7%，103 平方米； 质量一般的占 86.2%，1154 平方米； 危房的占 4.2%，57 平方米； 极简陋或倒塌的占 1.9%，24 平方米； 可见当地建筑总体状况比较一般，属于城市中亟待建设的地区。		
建筑风貌	其中风貌与环境协调的占 10%，136 平方米； 不太协调的占 85.5%，1145 平方米； 完全不协调的占 4.5%，57 平方米； 可见周围建筑形象与传统形式差别较大，很难协调。		

二、周边建筑评估结论

牟氏庄园周围临近地块在 2003 年开发建设中考虑了作为国家级文物保护单位的历

史环境和风貌，但城市建设依然在一定程度上破坏了牟氏庄园历史环境的真实性和景观协调性。

除近期改造的建筑外，牟氏庄园周边建筑的建筑材料、高度等均与传统形式差异很大，汶水河南岸近期新建设的住宅楼等在建筑形式与风貌上与传统环境极不协调。

周边建筑质量总体一般，普遍采用现代建筑材料和装修材料，部分新建建筑高度过高，与牟氏庄园的环境风貌不协调，对景观造成较大的影响，对文物保护与管理造成十分不利的影响，应予以适当控制。

临近的古镇都村内不断有翻建、新建建筑出现，其建筑质量粗糙，大部分与传统风貌不相协调，影响了这一区域的整体风貌。

第三节　道路交通及基础设施现状评估

一、道路交通评估

对牟氏庄园周边主要道路的情况进行调研，从道路级别、路面材料、道路状况等几方面进行评估。

基础设施主要包括对牟氏庄园建筑的给水、排水、电力以及消防等设施的现状进行调查评估。

（一）周边道路现状

周边道路现状具体评估如下。

周边道路现状评估表

道路名称	道路等级	路面材料	道路状况	路面宽度	车行能力
迎宾路	城市主干道	柏油路面	新建完好	30 ~ 25 米	双向两车
盛世路	城市主干道	柏油路面	新建完好	30 ~ 25 米	双向两车
庄园路	城市主干道	柏油路面	新建完好	30 ~ 25 米	双向两车
电业路	城市主干道	柏油路面	新建完好	30 ~ 25 米	双向两车
文化路	城市主干道	柏油路面	新建完好	30 ~ 25 米	双向一车

续 表

道路名称	道路等级	路面材料	道路状况	路面宽度	车行能力
电业路	城市主干道	柏油路面	新建完好	30 ~ 25 米	双向两车
文化路	城市主干道	柏油路面	新建完好	30 ~ 25 米	双向两车
文化路	城市主干道	柏油路面	新建完好	30 ~ 25 米	双向两车
霞光路	城市主干道	柏油路面	新建完好	30 ~ 25 米	双向两车
霞光路	城市主干道	柏油路面	新建完好	30 ~ 25 米	双向两车
金岭路	城市次干道	柏油路面	一般	25 ~ 20 米	双向一车
金岭路	城市次干道	柏油路面	一般	25 ~ 20 米	双向一车
商业街	城市支路	柏油路面	一般	15 ~ 12 米	双向一车
庄园南路	城市支路	柏油路面	新建完好	9 ~ 6 米	双向一车
	城市支路	柏油路面	新建完好	9 ~ 6 米	双向一车
	城市支路	水泥路面	较好	9 ~ 6 米	双向一车
	城市支路	柏油路面	一般	3.5 ~ 2 米	双向一车
	城市支路	柏油路面	较好	9 ~ 6 米	双向一车
	村镇次干道	水泥路面	一般	3.5 ~ 2 米	单车道
	村镇次干道	水泥路面	一般	3.5 ~ 2 米	单车道
	村镇次干道	水泥路面	一般	3.5 ~ 2 米	单车道
	村镇次干道	石板路面	较好	3.5 ~ 2 米	单车道
	村镇次干道	卵石路面	较好	9 ~ 6 米	无
	村镇次干道	卵石路面	较好	3.5 ~ 2 米	单车道
	村镇次干道	土路面	难以通行	3.5 ~ 2 米	单车道
	村镇次干道	水泥路面	一般	9 ~ 6 米	双向一车
	村镇次干道	土路面	难以通行	3.5 ~ 2 米	无
	村镇次干道	水泥路面	较好	3.5 ~ 2 米	单车道
	村镇次干道	土路面	较差	1.5 米及以下	无
	村镇次干道	卵石路面	较好	9 ~ 6 米	无
	村镇次干道	土路面	较差	3.5 ~ 2 米	无
	村镇次干道	土路面	较差	3.5 ~ 2 米	无
	村镇次干道	土路面	一般	3.5 ~ 2 米	无

续　表

道路名称	道路等级	路面材料	道路状况	路面宽度	车行能力
	村镇次干道	水泥路面	一般	1.5 米及以下	无
	村镇次干道	水泥路面	一般	3.5 ~ 2 米	单车道
	村镇次干道	土路面	较差	3.5 ~ 2 米	无
	村镇次干道	水泥路面	一般	3.5 ~ 2 米	单车道
	村镇次干道	土路面	难以通行	3.5 ~ 2 米	单车道
	村镇次干道	土路面	难以通行	1.5 米及以下	无
	村镇次干道	土路面	较差	3.5 ~ 2 米	无
	村镇次干道	卵石路面	较好	9 ~ 6 米	双向一车
	村镇次干道	水泥路面	一般	1.5 米及以下	无
	村镇主干道	土路面	难以通行	3.5 ~ 2 米	单车道
古镇都西街	村镇主干道	土路面	较差	3.5 ~ 2 米	单车道
古镇都街	村镇主干道	水泥路面	较差	9 ~ 6 米	单车道
	村镇主干道	土路面	难以通行	3.5 ~ 2 米	单车道
	村镇主干道	石板路面	较好	9 ~ 6 米	双向一车
	村镇主干道	卵石路面	较好	9 ~ 6 米	双向一车
庄园南街	村镇主干道	土路面	较差	9 ~ 6 米	单车道
南园巷	村镇主干道	水泥路面	一般	9 ~ 6 米	单车道
	村镇主干道	水泥路面	一般	9 ~ 6 米	双向一车
	巷道	土路面	较差	1.5 米及以下	无
	巷道	土路面	难以通行	3.5 ~ 2 米	单车道
	巷道	水泥路面	一般	3.5 ~ 2 米	单车道
	巷道	水泥路面	一般	1.5 米及以下	无
	巷道	土路面	难以通行	3.5 ~ 2 米	无
	巷道	土路面	难以通行	1.5 及以下	无
	巷道	砖路面	较差	1.5 及以下	无
	巷道	土路面	难以通行	3.5 ~ 2 米	无
	巷道	土路面	较差	1.5 米及以下	无
	巷道	土路面	较差	1.5 米及以下	无

续 表

道路名称	道路等级	路面材料	道路状况	路面宽度	车行能力
	巷道	土路面	较差	3.5 ~ 2 米	无
	巷道	水泥路面	一般	1.5 米及以下	无
	巷道	水泥路面	较差	1.5 米及以下	无
	巷道	水泥路面	较差	1.5 米及以下	单车道
	巷道	土路面	一般	1.5 米及以下	无
	巷道	水泥路面	难以通行	1.5 米及以下	无
	巷道	土路面	较差	1.5 米及以下	无
	巷道	水泥路面	一般	1.5 米及以下	无
	巷道	水泥路面	难以通行	1.5 米及以下	无
	巷道	水泥路面	一般	1.5 米及以下	无
	巷道	水泥路面	较差	1.5 米及以下	无
	巷道	土路面	难以通行	3.5 ~ 2 米	无
	巷道	水泥路面	较好	3.5 ~ 2 米	无
	巷道	水泥路面	较好	3.5 ~ 2 米	无
	巷道	水泥路面	一般	1.5 米及以下	无
	巷道	水泥路面	较好	3.5 ~ 2 米	无
	巷道	水泥路面	一般	1.5 米及以下	无
	巷道	水泥路面	较差	3.5 ~ 2 米	单车道
	巷道	水泥路面	一般	3.5 ~ 2 米	单车道
	巷道	水泥路面	一般	3.5 ~ 2 米	单车道
	巷道	水泥路面	一般	3.5 ~ 2 米	无
	巷道	卵石路面	较好	3.5 ~ 2 米	单车道
	巷道	卵石路面	一般	3.5 ~ 2 米	无
	巷道	水泥路面	一般	3.5 ~ 2 米	单车道
	巷道	土路面	难以通行	1.5 米及以下	无
	巷道	水泥路面	一般	3.5 ~ 2 米	无
	巷道	水泥路面	难以通行	1.5 米及以下	无
	巷道	砖路面	较差	1.5 米及以下	无

续 表

道路名称	道路等级	路面材料	道路状况	路面宽度	车行能力
	巷道	水泥路面	一般	1.5米及以下	无
	巷道	水泥路面	较差	1.5米及以下	无
	巷道	土路面	较差	1.5米及以下	无
	巷道	土路面	一般	3.5 ~ 2米	无
	巷道	砖路面	一般	3.5 ~ 2米	无
	巷道	水泥路面	较差	1.5米及以下	无
	巷道	土路面	较差	3.5 ~ 2米	无
	巷道	砖路面	一般	1.5米及以下	无
	巷道	水泥路面	较好	3.5 ~ 2米	无
	巷道	水泥路面	一般	1.5米及以下	无
	巷道	水泥路面	一般	1.5米及以下	无
	巷道	砖路面	较差	1.5米及以下	无
	巷道	砖路面	一般	1.5米及以下	无
	巷道	水泥路面	较好	3.5 ~ 2米	无
	巷道	砖路面	一般	3.5 ~ 2米	无
	巷道	砖路面	一般	3.5 ~ 2米	无
	巷道	砖路面	一般	3.5 ~ 2米	无
	巷道	砖路面	一般	3.5 ~ 2米	无
	巷道	水泥路面	一般	1.5米及以下	无
	巷道	水泥路面	较差	1.5米及以下	无
	巷道	土路面	较差	1.5米及以下	无
	巷道	土路面	较差	1.5米及以下	无
	巷道	土路面	较差	1.5米及以下	无
	巷道	土路面	较差	1.5米及以下	无
	巷道	土路面	较差	1.5米及以下	无
	巷道	土路面	一般	1.5米及以下	无
	巷道	土路面	较差	1.5米及以下	无
	巷道	水泥路面	较差	1.5米及以下	无

续　表

道路名称	道路等级	路面材料	道路状况	路面宽度	车行能力
	巷道	土路面	较差	1.5 米及以下	无
	巷道	水泥路面	一般	1.5 米及以下	无
	巷道	水泥路面	较差	1.5 米及以下	无
	巷道	水泥路面	较差	1.5 米及以下	无
	巷道	水泥路面	较差	1.5 米及以下	无
	巷道	水泥路面	一般	1.5 米及以下	无
	巷道	土路面	一般	1.5 米及以下	无
	巷道	土路面	一般	1.5 米及以下	无
	巷道	土路面	较差	1.5 米及以下	无
	巷道	土路面	较差	1.5 米及以下	无
	巷道	水泥路面	一般	1.5 米及以下	无
	巷道	土路面	较差	1.5 米及以下	无
	巷道	水泥路面	一般	3.5 ~ 2 米	无
	巷道	水泥路面	较差	3.5 ~ 2 米	无
	巷道	土路面	较差	1.5 米及以下	无
	巷道	土路面	较差	1.5 米及以下	无
	巷道	土路面	较差	1.5 米及以下	无
	巷道	水泥路面	较差	1.5 米及以下	无
	巷道	水泥路面	较差	1.5 米及以下	无
	巷道	水泥路面	较差	3.5 ~ 2 米	无
	巷道	水泥路面	较差	3.5 ~ 2 米	无
	巷道	水泥路面	较差	1.5 米及以下	无
	巷道	水泥路面	较差	1.5 米及以下	无
	巷道	水泥路面	较差	1.5 米及以下	无
	巷道	水泥路面	较差	1.5 米及以下	无
	巷道	水泥路面	一般	9 ~ 6 米	单车道
	巷道	水泥路面	一般	9 ~ 6 米	双向一车
	步行小路	砖路面	一般	1.5 米及以下	无

续　表

道路名称	道路等级	路面材料	道路状况	路面宽度	车行能力
	步行小路	砖路面	一般	1.5 米及以下	无
	步行小路	砖路面	一般	1.5 米及以下	无
	步行小路	砖路面	较好	1.5 米及以下	无
	步行小路	砖路面	较好	1.5 米及以下	无
	步行小路	砖路面	较好	1.5 米及以下	无
	步行小路	砖路面	较好	1.5 米及以下	无
	步行小路	砖路面	一般	3.5 ~ 2 米	无
	步行小路	砖路面	较好	9 ~ 6 米	单车道
	步行小路	砖路面	一般	1.5 米及以下	无
	步行小路	土路面	较差	1.5 米及以下	无
	步行小路	土路面	难以通行	1.5 米及以下	无
	步行小路	土路面	难以通行	1.5 米及以下	无
	步行小路	土路面	难以通行	1.5 米及以下	无
	步行小路	土路面	难以通行	3.5 ~ 2 米	无
	步行小路	土路面	难以通行	1.5 米及以下	无
	步行小路	砖路面	一般	3.5 ~ 2 米	无
	步行小路	卵石路面	一般	1.5 米及以下	无
	步行小路	卵石路面	一般	1.5 米及以下	无
	步行小路	卵石路面	一般	1.5 米及以下	无
	步行小路	卵石路面	一般	1.5 米及以下	无
	步行小路	卵石路面	一般	1.5 米及以下	无
	步行小路	卵石路面	一般	1.5 米及以下	无
	步行小路	卵石路面	较好	1.5 米及以下	无
	步行小路	卵石路面	一般	1.5 米及以下	无
	步行小路	卵石路面	一般	1.5 米及以下	无
	步行小路	卵石路面	一般	1.5 米及以下	无
	步行小路	卵石路面	一般	1.5 米及以下	无
	步行小路	卵石路面	一般	1.5 米及以下	无

续 表

道路名称	道路等级	路面材料	道路状况	路面宽度	车行能力
	步行小路	卵石路面	一般	1.5 米及以下	无
	步行小路	卵石路面	一般	1.5 米及以下	无
	步行小路	卵石路面	一般	1.5 米及以下	无

（二）周边道路现状评估结论

牟氏庄园位于栖霞市北部古镇都村地带，交通便利。城市交通主干道霞光路和庄园路位于庄园的东侧和北侧，道路宽阔，通行能力强，可满足游客的旅游需求；汶水河北侧沿河道路为近期新改建道路，景观和通行能力较好。

牟氏庄园周围公共交通不发达，仅有一条公交线路在霞光路上设有站点。

由于功能分区的需要，牟氏庄园街区地块内部由围墙划分为牟氏庄园区和古镇都村两个区域，道路相互分割，远期不利于整体开发和消防、基础设施的统一利用。

牟氏庄园停车场位于庄园东入口广场和南入口广场内，总面积约 5500 平方米，停车数量约为 135 辆，能够满足目前牟氏庄园接待的要求。

古镇都村内道路质量普遍较差、通行能力低、交通秩序较为混乱，居民生产、生活出入主要经过汶水河北岸道路，对庄园的旅游交通影响较小。

二、给水排水设施评估

牟氏庄园于宝善堂内建设深水井，宝善堂南群房内设水泵房，由庄园内部管网供水，来保障庄园供水。

牟氏庄园现开放区域有生活用水管线，能够满足工作人员及游客游览需求。

庄园地势北高南低，排水利用地势，雨水排放采用明沟和暗沟结合排放，日新堂、西忠来、东忠来最南部设有暗沟，雨水首先由院落汇集到院落两边的排水明沟，然后通过暗沟排出庄园，雨水直接排到庄园外的路面上。

牟氏庄园占地较大，庭园地面多为石材铺设，明沟排水和暗沟排水均容易出现由于垃圾堆积，部分地面铺装残破、凹陷，致使地面部分积水、淤泥的状况发生；局部设有排水暗沟，但比较随意，且年久失修，有的已堵塞，大部分雨水随地势坡度漫流，对原建筑基础、室内地面和堑墙都造成很大威胁，并且有一大部分已造成破坏。

牟氏庄园内设有三处冲水厕所，公厕外设化粪池，由人工定期清理，排污能力不能满足远期发展需求，对文物保护产生不利影响。

三、电力通信现状评估

1997年牟氏庄园对原有电力电信线路进行了彻底的改造。

牟氏庄园电源由市供电局22千伏线路直接接至东忠来北墙外变压器，然后到东忠来东群房配电箱，由配电箱分一个三相回路和一个两相回路输出。牟氏庄园古建筑院内的主要用电设施为办公设备、照明设施以及安防设备，现存各个院落建筑以及其他建筑均有布线。

牟氏庄园所有电路均已配置配电箱，电力线路采用明线布置，院落内线路基本都采取电缆铺设，现阶段不存在安全隐患，对文物建筑的防火、防雷及通信不会产生不利影响。

牟氏庄园部分办公室在日新堂院内办公，通信设施较为完备，能够保障通信畅通。

四、消防设施现状评估

为了保障文物安全，增强安全消防保障措施，贯彻“以防为主，防消结合”的方针，庄园自1991年始，先后安装更新了庄园消防设施和监控设施。

庄园依据地理环境和消防要求，在庄园周边设置了3个消防栓，位于庄园东侧和北侧。南面和西侧无消火栓，不足以覆盖整个庄园建筑群。

庄园文物建筑群周边未形成完整的消防通路。

35公斤灭火器总数5个：西忠来2个，宝善堂2个，阜有堂1个。8公斤灭火器总数33个：东忠来7个，日新堂7个，宝善堂3个，阜有堂5个，南忠来4个。4公斤灭火器总数13个：东忠来3个，西忠来3个，日新堂1个，宝善堂4个，阜有堂2个。另外，日新堂安全保卫值班室外院落配备有手持灭火器，以及砂箱、水缸、铁锨等常规消防用具。

庄园主体院落内未建造独立的消防水池及泵房，未安装烟感报警装置，缺乏基本火灾报警系统。紧邻庄园西侧的村落消防设施和手段十分落后，对庄园的防火安全形成一定的危害。

应尽快完善并全面贯彻实施所建立的消防安全制度，否则安全隐患无法得到全面排除。

五、安防设施现状评估

日新堂安全保卫值班室配有监视系统的视频终端，有专人看管。庄园内安装红外摄像头总数 10 个：东忠来 1 个，西忠来 2 个，日新堂 3 个，阜有堂 4 个。安装红外感应防盗报警器 8 路，共 10 个探头，其中 2 路（一路为文物库房使用，另一路为售票处使用）和公安 110 联网。探头分布：宝善堂文物库房 3 个，阜有堂 7 个。文物库现有馆藏品两万余件，但基本硬件设施不达标，缺少温度、湿度控制等设备。

庄园目前安全防范同时依靠保卫科工作人员巡视，其安防手段基本能满足庄园安防需要，但对于如何应对紧急突发事件的准备还显不足。

现有安防手段不能满足庄园文物展品的安防需求。

六、防雷设施评估

牟氏庄园位于栖霞市北部古镇都村地带，庄园主体建筑较周围建筑高大，周围民居均低于院落主体建筑，并且所有现存建筑均为砖木结构。庄园建筑遭受雷击的可能性较大。

现院落内建筑与古树均未设防雷设施，存在重大安全隐患。

第四节　周边景观环境评估

一、周边景观环境评估

对牟氏庄园周边景观调查为城市城乡接合区环境调查，列出各城市环境因素的基本情况，进行景观评估。

周边景观环境评估表

<table>
<tr><th colspan="2">重要的相关景观因素</th><th>位置</th><th>基本情况</th><th>景观价值评估</th><th>景观利用水平</th></tr>
<tr><td rowspan="8">城市景观</td><td>底层商业建筑</td><td>庄园入口南侧</td><td>建筑高度以一层为主，色彩以青石、灰砖、灰瓦、白墙为基调，建设形式采用当地传统地方风格，空间组合以四合院和坡屋顶为主，与庄园内的建筑风格保持和谐和协调</td><td>■</td><td rowspan="8">（1）属于牟氏庄园视线区域内，新建建筑楼严重破坏历史景观。
（2）周围水系，绿化景观可以作为保护和利用的历史景观元素。
（3）周围环境未加管理保护，影响整体景观。</td></tr>
<tr><td>村落，民居</td><td>庄园西侧</td><td>建筑为一、二层，砖混结构、平屋顶建筑较多，风貌为较现代，环卫条件较差</td><td>□</td></tr>
<tr><td>沿街商业建筑</td><td>霞光路两侧</td><td>二层或局部三层商业、餐饮建筑，采用坡屋顶，仿古建筑形式</td><td>▬</td></tr>
<tr><td>水系景观</td><td>南侧、西侧</td><td>南侧汶水河，东侧白洋河为历史风貌</td><td>■</td></tr>
<tr><td>绿化景观</td><td>东侧、北侧</td><td>城市绿化和自然山体绿化</td><td>■</td></tr>
<tr><td>城市干道</td><td>北侧，东侧</td><td>交通流量很大，繁忙的城市交通景观</td><td>▬</td></tr>
<tr><td>多层住宅</td><td>南侧较远</td><td>汶水河南岸住宅楼，7～9层现代建筑，与庄园不协调</td><td>□</td></tr>
<tr><td>远处城市建筑</td><td>庄园周围</td><td>现代商业建筑和居住建筑为主</td><td>□</td></tr>
</table>

评估等级：价值较高■；一般▬；较低□；无—

二、评估结论

牟氏庄园位于城市城乡接合地带，周边环境较为单纯，其作为地主庄园的地理环境基本保留，景观要素历史上存在不当改造。

周围水系、城市绿化和自然山体绿化景观可以作为保护和利用的历史景观元素。

周边城市建筑多为新建多层住宅和商业建筑，对庄园历史环境造成不利影响。

第四章　管理评估

第一节　以往文物管理工作

作为全国重点文物保护单位“牟氏庄园”由牟氏庄园管理处负责日常管理。

以往牟氏庄园文物保护和管理相关工作如下。

1972 年 4 月以牟氏庄园为背景材料，在此举办了阶级教育展览馆，由栖霞县文化馆专门管理。

1977 年 12 月 23 日，公布为山东省重点文物保护单位，名称“牟二黑子地主庄园”。

1982 年 6 月 3 日，公布撤销栖霞县阶级教育展览馆，成立栖霞县文物管理所，专门管理牟氏庄园及全县文物管理工作。着手牟氏庄园复原陈列。

1983 年 10 月，牟氏庄园正式对外开放。

1983 年 12 月 3 日，栖霞县文物管理所正式列入 1983 年全省文物保护管理机构编制，编制 6 人。

1984 年底，牟氏庄园全部交由文物部门管理。

1988 年 1 月 13 日，国务院【1988】5 号文件公布“牟氏庄园”为国家级文物保护单位，并划定了保护范围和建设控制地带。

1989 年 10 月 6 日，决定撤销栖霞县文物管理所，同日，成立栖霞县文物事业管理处、栖霞县牟氏庄园管理处，实行合署办公，为副科级单位。

1991 年，国家文物局正式批准牟氏庄园维修工程立项。

1992 年，阜有堂屋面实行倒垄维修，复原石砌圆门一座、门楼一座，修接墙门 4 道，后座西厢两间。

1993 年，山东省文物科技保护中心编制《山东栖霞牟氏庄园总体维修设计方案》。

1996 年，修缮宝善堂大门前“T”形甬路，宝善堂南群房。

1997 年，牟氏庄园修缮供电线路、宝善堂东厢房。

1998 年，修缮日新堂、西忠来、东忠来部分建筑。

1999 年 8 月 24 日，公布牟氏庄园管理处升为正科级单位。

1999 年，修缮日新堂西群厢、西忠来北群房建筑。

2000 年，修缮西忠来书斋、东忠来、西忠来倒座建筑。

2003 年，修缮南忠来客厅、太房。修缮西忠来、日新堂、东忠来群房；日新堂粉坊；恢复牟氏庄园西花园前期工程。

2004 年，天津大学完成《栖霞牟氏庄园旅游区规划设计》。修缮日新堂西群厢、西忠来北群房。

2005 年，修缮西忠来书斋、东忠来、西忠来倒座，西忠来、日新堂、阜有堂及南忠来油漆工程。

2006 年，修缮西忠来寝楼、南忠来客厅、虎皮墙通道地面复原。

第二节　文物管理“四有”工作

一、保护区划

国务院 1988 年 1 月 13 日，国务院【1988】5 号文件公布“牟氏庄园”为国家级文物保护单位，并划定了保护范围和建设控制地带。

重点保护范围：占地 2 公顷的牟氏庄园古建筑群划定为保护区。

一般保护范围：在保护范围的基础上，北至庄园路、南至汶水河、西至白洋河、东至霞光路。规划占地 13.7 公顷。

建设控制地带：汶水河南 50 米，霞光路东 10 米。

二、标志说明

保护标志碑：重点文物保护标志碑为花岗岩石质地，整体碑长 100 厘米，宽 100 厘米，高 80 厘米。由上下两部分组成，下部分为四块花岗岩和一块毛石组成的底座，上部分为磨光花岗岩碑体，磨光花岗岩碑体长 100 厘米，宽 100 厘米，高 80 厘米。

磨光花岗岩碑体上书繁体楷书、行书、阴刻，“国家级重点文物保护单位、牟氏庄园、中华人民共和国国务院、一九八八年一月十三日公布”，字径为55毫米；“牟氏庄园”字径：105毫米。

界桩：已经设立界桩。

三、记录档案

牟氏庄园还建立了符合国家文物保护要求的记录档案，包括相关文件、图纸、拓片、历史照片等内容，其中历史资料的收集整理尚显不足。

四、管理机构

牟氏庄园自收归国有后，一度被粮站、军队、学校、良种场、面粉厂、党校、无线电厂等单位占用，一直没有专门的管理机构，1972年4月，以牟氏庄园为背景材料，在此举办了阶级教育展览馆，由栖霞县文化馆专门管理。

牟氏庄园管理处为全民事业正科级事业单位，本项目法人为栖霞市牟氏庄园管理处法人代表。

与栖霞市文物管理局合署办公，隶属于栖霞市人民政府。其主要职责是，经市政府授权，负责全国重点文物保护单位“牟氏庄园”的保护管理工作，尤其是强调要针对该市的特点积极做好文物管理与旅游事业的有机结合，充分利用该市独有的文物资源，积极主动做好旅游开发工作，促进全市旅游事业的发展，实现经济效益与社会效益相统一。牟氏庄园自1985年开始设置行政组、文物组和看展组以来，根据实际需要，职能部门不断增加，1989年设立办公室、文物科、陈列维修科、群工科、保卫科，后增设资料科；1999年又增旅游科；2002年进行调整，资料科并为办公室，文物科与陈列维修科合并称文物科，群工科更名为接待科，旅游科更名为旅游促销科，新增设三产经营科、保卫科。该处现有干部职工87人，其中专业技术人员46人，具有中高级专业技术职称以上的人员有10人。设有旅游促销科、文物科、导游科、保卫科、三产经营科、财务科和办公室七个科室。

第三节　管理措施现状

一、保护级别公布

1977 年 12 月 23 日，公布为山东省重点文物保护单位。

1988 年 1 月 13 日，国务院【1988】5 号文件公布“牟氏庄园”为国家级文物保护单位，并划定了保护范围和建设控制地带。

二、政府管理文件

1982 年 6 月 3 日，栖霞县人民政府办公室第 17 号文件，公布撤销栖霞县阶级教育展览馆，成立栖霞县文物管理所，隶属于栖霞县文化局，专门管理牟氏庄园及全县文物管理工作。

1989 年 10 月 6 日，栖霞县编制委员会文件《栖编（1989）第 28 号关于撤销县文物管理所等机构的通知》决定撤销栖霞县文物管理所，同日，栖霞县人民政府文件《栖政编发（1989）第 12 号关于成立县机关事务管理局等机构的通知》，决定成立栖霞县文物事业管理处、栖霞县牟氏庄园管理处，实行合署办公，为副科级单位。

1999 年 8 月 24 日，栖编（1999）第 17 号文《关于理顺旅游文物事业管理体制的通知》公布牟氏庄园管理处升为正科级单位。

三、资金投入状况

牟氏庄园保护经费部分来自地方财政拨款以及山东省、国家文管部门专项维修经费，同时靠牟氏庄园自我创收解决，包括人员经费。

1996 年，国家文物局下拨 32 万元专项维修经费。修缮宝善堂大门前“T”形甬路、宝善堂南群房。

1997 年，国家文物局下拨 30 余万元专项维修经费。其中，牟氏庄园供电线路维修经费 27.8 万元。宝善堂东厢房 480 平方米维修工程费 12 万元。

1998 年，国家文物局下拨 25 万元专项维修经费。用于日新堂、西忠来、东忠来部分建筑维修工程。

1999 年，国家文物局下拨 20 万元专项维修经费。用于日新堂西群厢、西忠来北群房建筑维修工程。

2000 年，国家文物局下拨 30 万元专项维修经费。用于西忠来书斋、东忠来、西忠来倒座建筑维修工程。

2001 年，国家文物局下拨 50 万元专项维修经费。2003 年资金到位。

2003 年，维修经费用于南忠来客厅、太房专项维修经费。修缮西忠来、日新堂、东忠来群房；日新堂粉坊；恢复牟氏庄园西花园前期工程。

“九五”以来牟氏庄园维修资金共投入 280 万元，其中国家拨款 192 万元，地方财政投入 88 万元。

2004 年，日新堂西群厢修缮、西忠来北群房修缮工程，2004 年度维修经费决算 7.3591 万元。

2005 年，西忠来书斋修缮、东忠来、西忠来倒座修缮工程，西忠来、日新堂、阜有堂及南忠来油漆工程，2005 年度维修经费决算 31.5587 万元。

2006 年，西忠来寝楼修缮、南忠来客厅修缮、虎皮墙通道地面复原工程，2006 年度维修经费决算 21.406 万元。

四、管理规章制度

牟氏庄园以《中华人民共和国文物保护法》《山东省文物保护管理条例》作为牟氏庄园文物保护和管理的行政法规，并制定了《岗位职责及规章制度》，并针对突发事件及消防应急等情况制定了应急预案。

2004 年 1 月，牟氏庄园管理处，栖牟管字【2004】第 4 号，关于下发安全消防保护制度的通知。为了加强牟氏庄园管理处安全、消防管理工作，贯彻“以防为主，消防结合”的工作方针，根据有关法律、法规，制定“牟氏庄园管理处安全、消防保护制度”，从而实现庄园安全保卫及消防工作的网络化、信息化管理，提高了工作效率和文物管理水平。

第四节　文物管理评估

一、原有保护区划评估

国务院于1988年公布了牟氏庄园的保护范围，从目前执行情况来看，保护范围得到较好落实贯彻。主要反映在如下几点：

保护区划内的建设得到较好的控制，搬迁完成庄园南侧居民的拆迁和环境的整治改造、东侧和北侧的绿化环境建设。但对于保护区内古镇都村的建设控制还亟待加强。

已经公布的建设控制地带的建设基本得到控制，但原有建设控制地带的划分以固定的空间距离作为依据，合理性科学性略显不足。

根据本次规划的实际调查情况，牟氏庄园的保护区划应该重新调整划定，并明确保护范围与建设控制地带的管理要求。

二、文物管理问题概述

牟氏庄园文物管理上总体尚好，主要有两方面的不足。

（一）文物古迹的保护工作方面

文物保护力量严重不足，缺乏细致的保护措施。

保护范围内土地产权不清，古镇都村至今未能迁出，无法有效进行管理。

古镇都村占用范围内房屋出租，开办商店、饭店，院落内堆积杂物、人员混杂，存在较大隐患。

保护范围内文物管理用房、接待、展示空间还略显不足。

（二）文物古迹管理机构的组织建设方面

管理人员较为健全，职责较为明确。

管理规范、管理制度科学合理。

保护人员的专业素质及管理、保护手段有待进一步提高。

文物保护管理机构仍为自收自支性质，严重缺乏保护经费和相关资源投入。

第五章 展示利用评估

第一节 对外开发利用

牟氏庄园于1983年10月正式全面开放，随着宣传力度的加大以及陈列展览的不断丰富、接待服务的不断完善，现在山东省牟氏庄园已经拥有较高的知名度。平均现年参观人数达20多万人次。部分影视也选牟氏庄园的建筑作为内景地。

牟氏庄园2006年—2008年接待游客及旅游收入表

年份	接待人次（万人次）	门票收入（万元）
2006	18.5	350
2007	22	420
2008	28	500

对外开发利用评估表

种类	主要行为概述	社会效益	经济效益	对文物影响
参观旅游	参观人以旅行社所组织国内团体游客为主，客源较为广泛；散客人数占总参观人数的20%；受开放面积的限制，现还不能满足更大规模的旅游参观。	较好，牟氏庄园除了做好基本陈列展览，不断优化接待服务工作，还定期举办活动，组织学生、群众参观接受爱国主义教育，社会影响深远。	经济效益一般，宣传力度不够；展陈设计手段较为落后，展示设备陈旧，手法不新颖；牟氏庄园在旅游方面的价值应该得到更合理和充分的开发。	数量适中，规模不大，尚不构成消极影响。
影视拍摄	由于院内整体风格及氛围保留较好，有部分影视剧作为内、外景地，但是由于周边环境氛围破坏较为严重，作为影视剧的取景地受诸多限制。	较好，通过影视剧的传播，扩大社会影响力，提高知名度。	不好，所交费用十分有限，不会创造更高经济收益。	缺乏相关管理制度，剧组在拍摄过程中容易对文物本体造成一定破坏。

第二节　展示利用

1972年—1982年牟氏庄园作为阶级教育展览馆，对外展示开放。栖霞县文物管理所、牟氏庄园管理处先后专门管理牟氏庄园的文物管理工作，1983年10月，牟氏庄园正式对外开放，牟氏庄园的展陈方式主要为复原陈列。牟氏庄园管理处进行了保护性的挖掘整理和开发性的复原重建工作，使文物建筑得到较好的保护。

一是展览展示突出农耕主题，体现民俗文化。制订完善了《牟氏庄园内部陈列总体方案》，充分利用庄园空闲的院落和房屋，进行展室的布局调整，展现牟家悠久的农耕文化，体现胶东街头巷尾的特色民俗，以活化手法再现了当时的生活情景。

二是重塑庄园景区的历史文化氛围。整治修葺汶水河，根据史料建成了清代民俗村演示区和仿古商业街。同时，按照旅游功能又划风情街、文化街、农家乐和百艺坊四大区域，全面展示清代中后期牟氏庄园老街的生活场景和胶东的乡风民俗等。

三是牟氏庄园独特的建筑集群景观也成为多部电视剧拍摄景地。改编自文学作品的电视连续剧《牟氏庄园》已经播出，进一步推介了牟氏庄园。

展示利用评估表

名称	1948年—1969年	1970年—1971年	1972年—1982年	1983年—1989年	1989年—至今
牟氏庄园	粮站、军队、学校、良种场、面粉厂，党校，无线电厂等单位占用。	筹建阶级教育展览馆。面粉厂、党校相继迁出。	阶级教育展览馆。1977年12月23日，公布为山东省重点文物保护单位。名称“牟二黑子地主庄园”。	栖霞县文物管理所，专门管理牟氏庄园及全县文物管理工作，着手牟氏庄园复原陈列。1983年10月，牟氏庄园正式对外开放。	牟氏庄园管理处全面管理牟氏庄园，对水电暖等基础设施实施维修，同步开展学术研究、陈列展示、宣传教育等工作，如今已成为栖霞市特色博物馆建设体系重要一员。

第三节　主要问题

牟氏庄园保护范围内土地被古镇都村所占用，展示空间不足。

部分历史时期重要历史事件所依托的历史文化氛围不足，损害文物建筑的历史价值。

周边环境被现代化建筑及商业气息所破坏，无法形成对牟氏庄园历史氛围的烘托效应；不利于展示文物的历史价值。

有关牟氏庄园的学术研究成果不足，不能为相关展示和开发利用提供强有力支持。

相关文物物品比较匮乏；陈列展览的手段、方法、设备还相对陈旧、落后，不能充分地体现所展示文物的价值。

第六章　综合危害因素分析

综上所述，牟氏庄园文物本体和历史环境的主要危害影响为以下两个方面：自然影响因素和人为破坏因素，每方面又可分出若干具体的破坏因素，列表如下。

综合危害因素分析表

根源	内容		影响对象	重要性	紧迫性
自然因素	火灾威胁		清代建筑、民国建筑及其他建筑整体，包括院落内古树名木	严重	紧迫
	雷击威胁		清代建筑、民国建筑及其他建筑整体，包括院落内古树名木	严重	紧迫
	地震力		清代建筑、民国建筑及其他建筑整体，包括院落内古树名木	严重	不紧迫
	雹灾		所有建筑屋面	不严重	不紧迫
	雨水侵蚀		檐柱、墙砖、地砖等砖石构件	较严重	较紧迫
	建筑物自然老化		文物建筑整体	较严重	一般
人为因素	牟氏庄园	防灾设备不完备	无法应对火灾，雷击等灾害	严重	紧迫
		局部简陋电力设施可能造成火灾隐患	局部或文物建筑整体	严重	紧迫
		保护区划设置不完善	保护范围环境状况的控制	严重	紧迫
		缺乏现代化的有效的安防技术手段	可移动文物或建筑构件，或文物建筑整体	一般	较紧迫
		缺乏针对大型活动期间突发事件的紧急预案	人员安全，文物安全	严重	不紧迫
		管理机构资金不足	保护和管理工作水平	较严重	较紧迫
		缺乏与牟氏庄园密切相关的展示主题，展示设施缺乏吸引力	文物价值在社会公众的传播	一般	不紧迫
		游客较多，游览空间较小，缺乏旅游配套设施，承载力不足	文物价值在社会公众的传播	较严重	较紧迫

续 表

根源	内容		影响对象	重要性	紧迫性
		传统民俗活动尚待恢复	历史文化的承传及其社会价值的发扬	一般	不紧迫
		无有价值有特色的旅游纪念品	历史文化的承传及其社会价值的发扬	一般	不紧迫
	周边环境	周边建筑挤占文物保护用地	文物建筑安全	严重	紧迫
		周边新建筑过多，风貌与牟氏庄园不完全协调	牟氏庄园建筑风貌	较严重	一般
		周边现代化商业氛围较浓，影响文化环境	牟氏庄园所依存的历史环境	较严重	较紧迫
		市政有关部门对自治区直属文物保护单位缺乏整体认识	牟氏庄园及其所依存环境的真实性和延续性	较严重	较紧迫
		周边群众缺乏相应的文物保护意识	牟氏庄园及其所依存环境的真实性和延续性	较严重	较紧迫

第七章　评估图

区位图

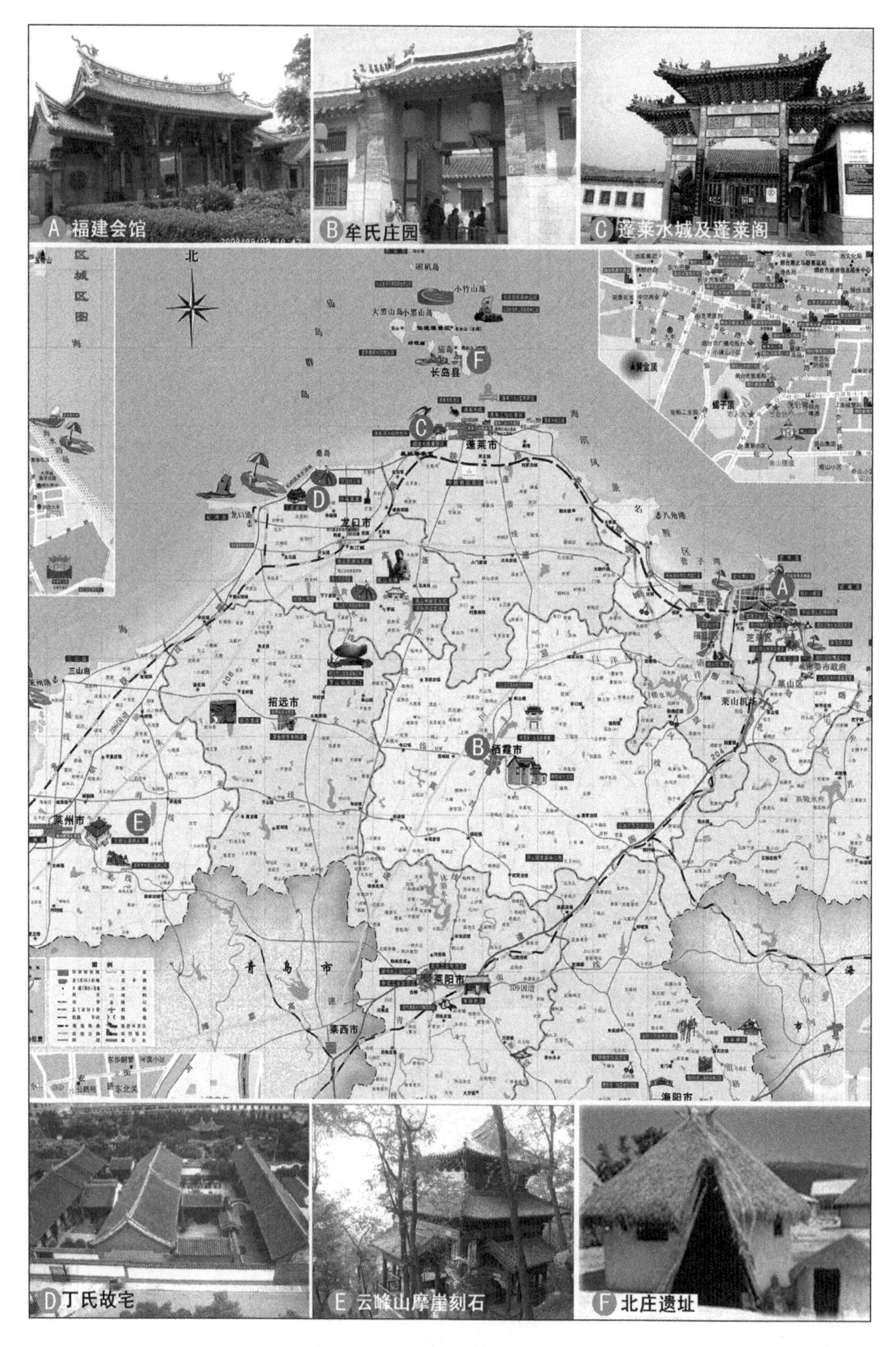

烟台地区文物旅游资源分布图

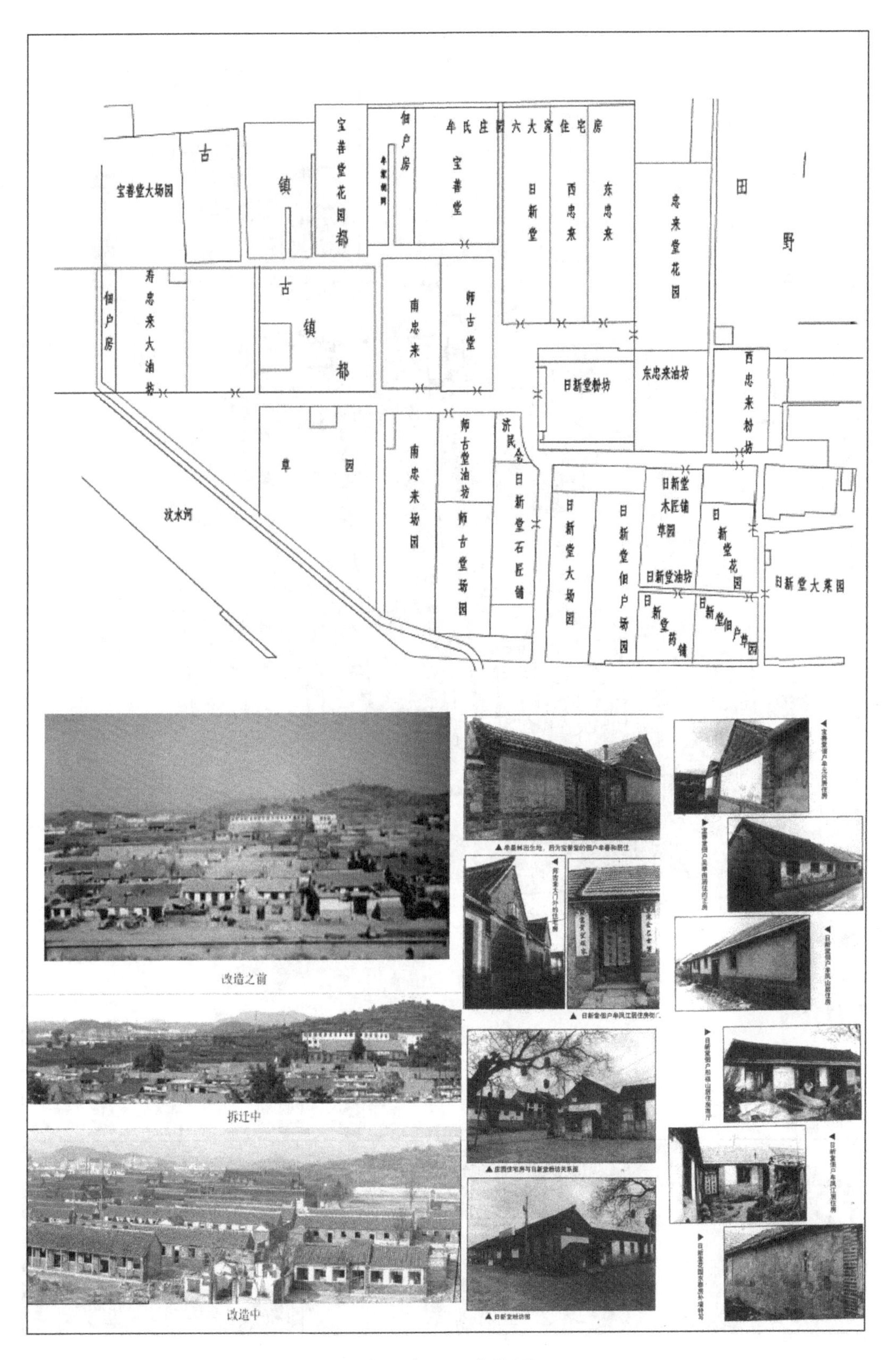

牟氏庄园六大家住宅房
宝善堂大场园
古镇都
宝善堂花园
佃户房
宝善堂
日新堂
西忠来
东忠来
忠来堂花园
田野
寿忠来大油坊
南忠来
师古堂
日新堂粉坊
东忠来油坊
西忠来粉坊
草园
南忠来场园
师古堂油坊
师古堂场园
济民会
日新堂石匠铺
日新堂大场园
日新堂佃户场园
日新堂木匠铺
草园
日新堂油坊
日新堂花园
日新堂大菜园
日新堂药铺
日新堂佃户草园
汶水河
改造之前
拆迁中
改造中

牟氏庄园历史舆图

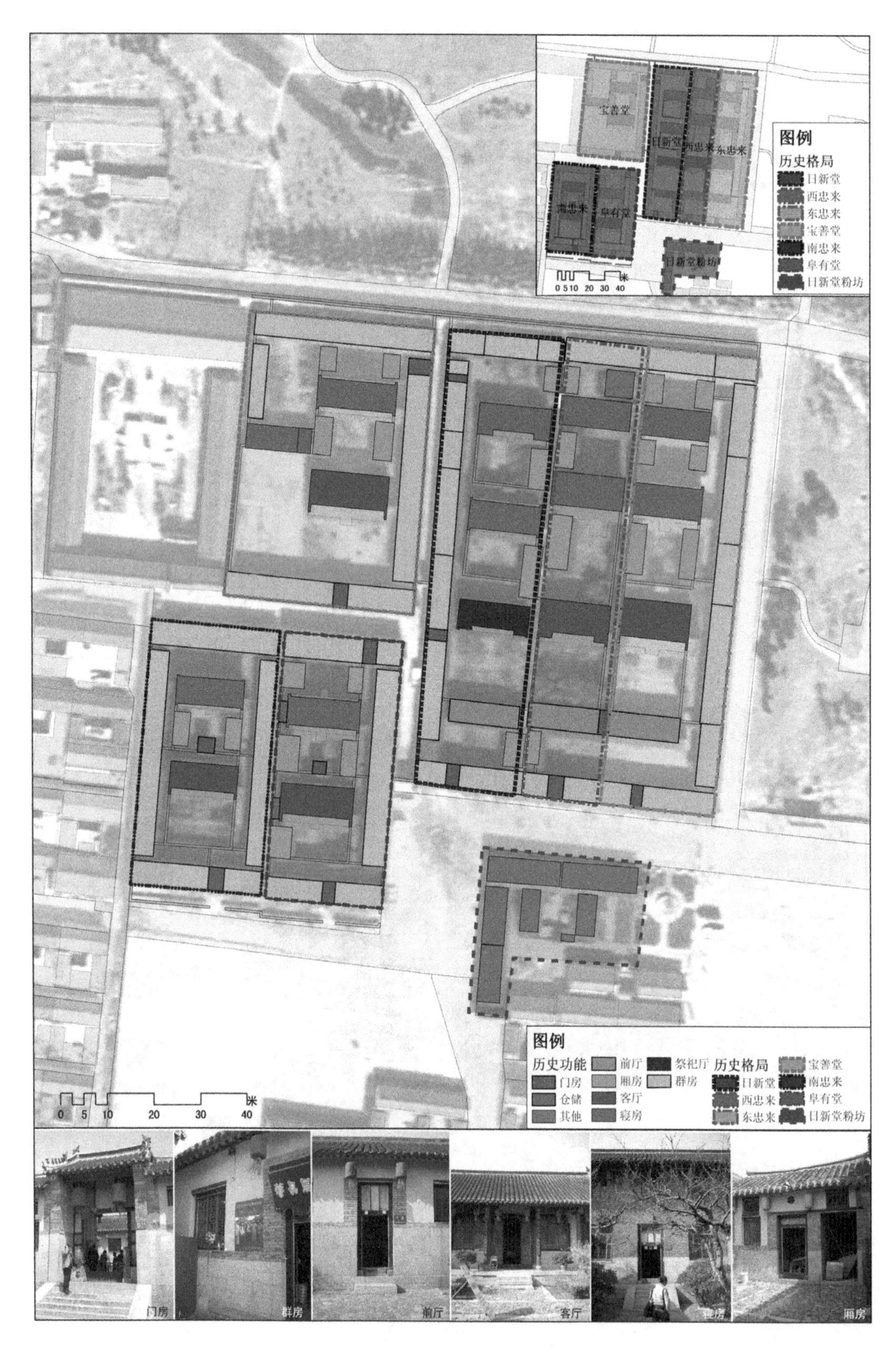
宝善堂
日新堂
西忠来
东忠来
南忠来
阜有堂
日新堂粉坊
图例
历史格局
日新堂
西忠来
东忠来
宝善堂
南忠来
阜有堂
日新堂粉坊
0 5 10 20 30 40 米
图例
历史功能
门房
仓储
其他
前厅
厢房
客厅
寝房
祭祀厅
群房
历史格局
日新堂
西忠来
东忠来
宝善堂
南忠来
阜有堂
日新堂粉坊
0 5 10 20 30 40 米
门房
群房
前厅
客厅
寝房
厢房

牟氏庄园历史功能图

牟氏庄园建筑建造年代图

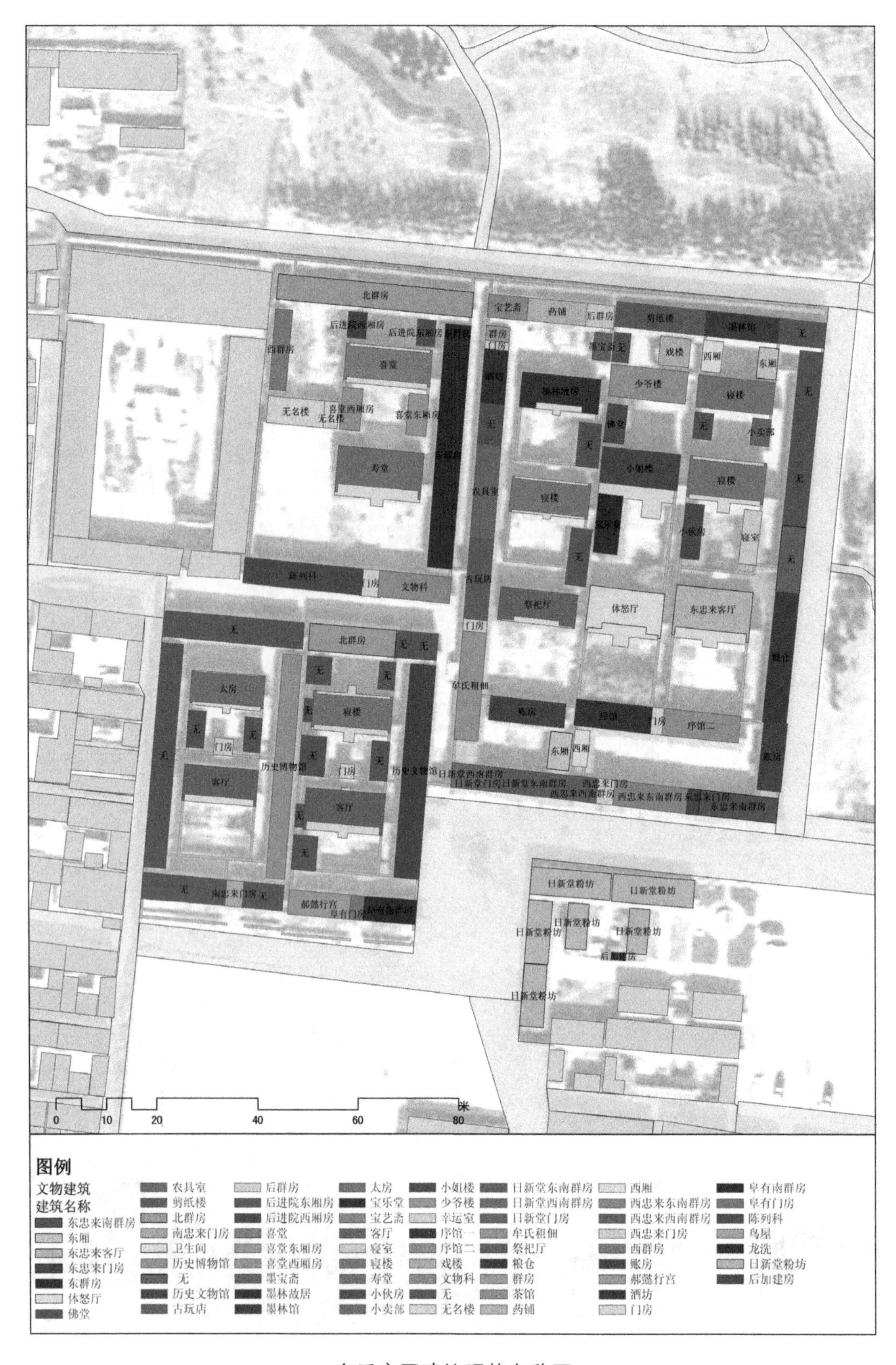

牟氏庄园建筑现状名称图

附属文物、古树名木现状图

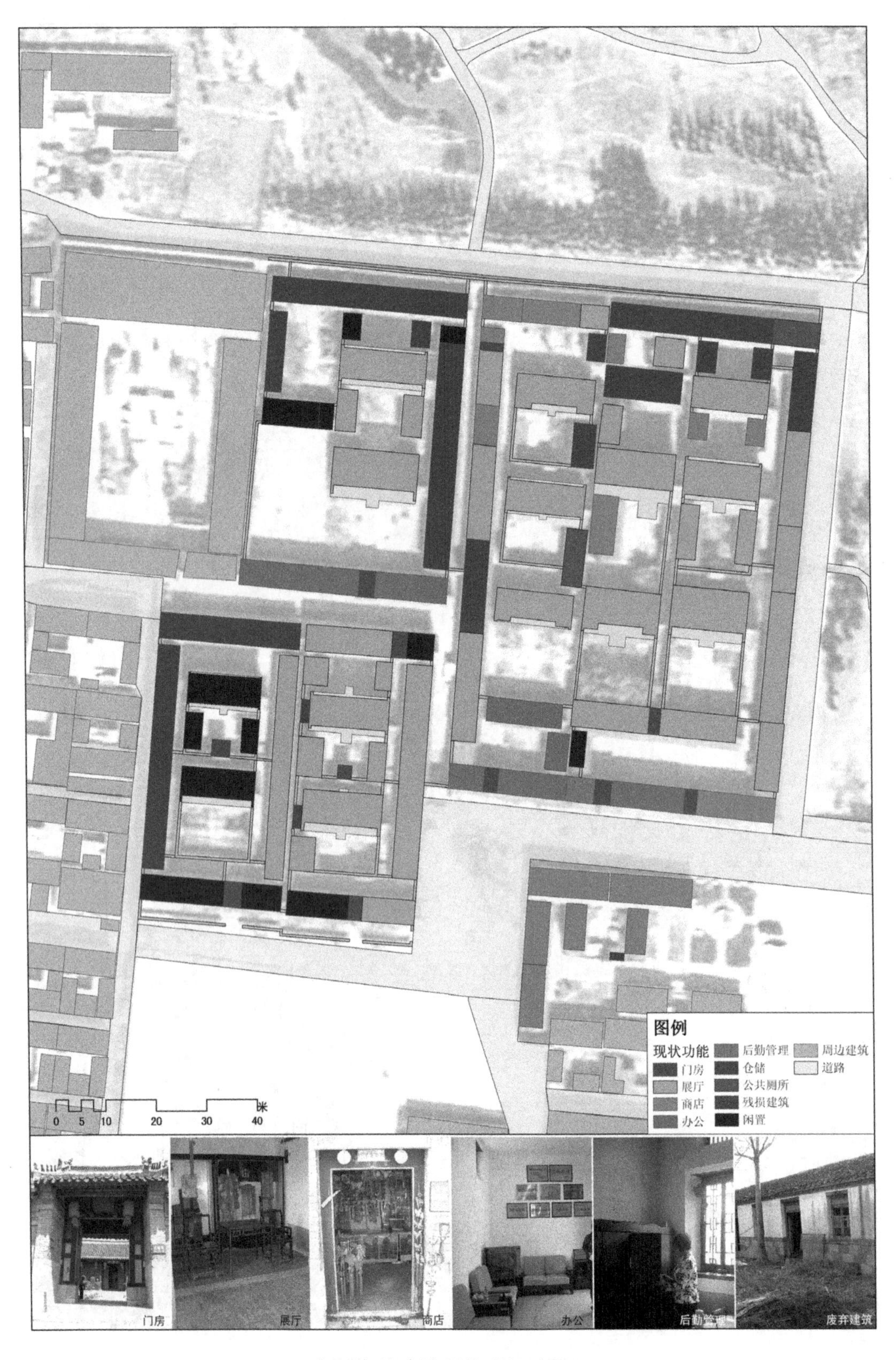

牟氏庄园建筑现状功能分析图

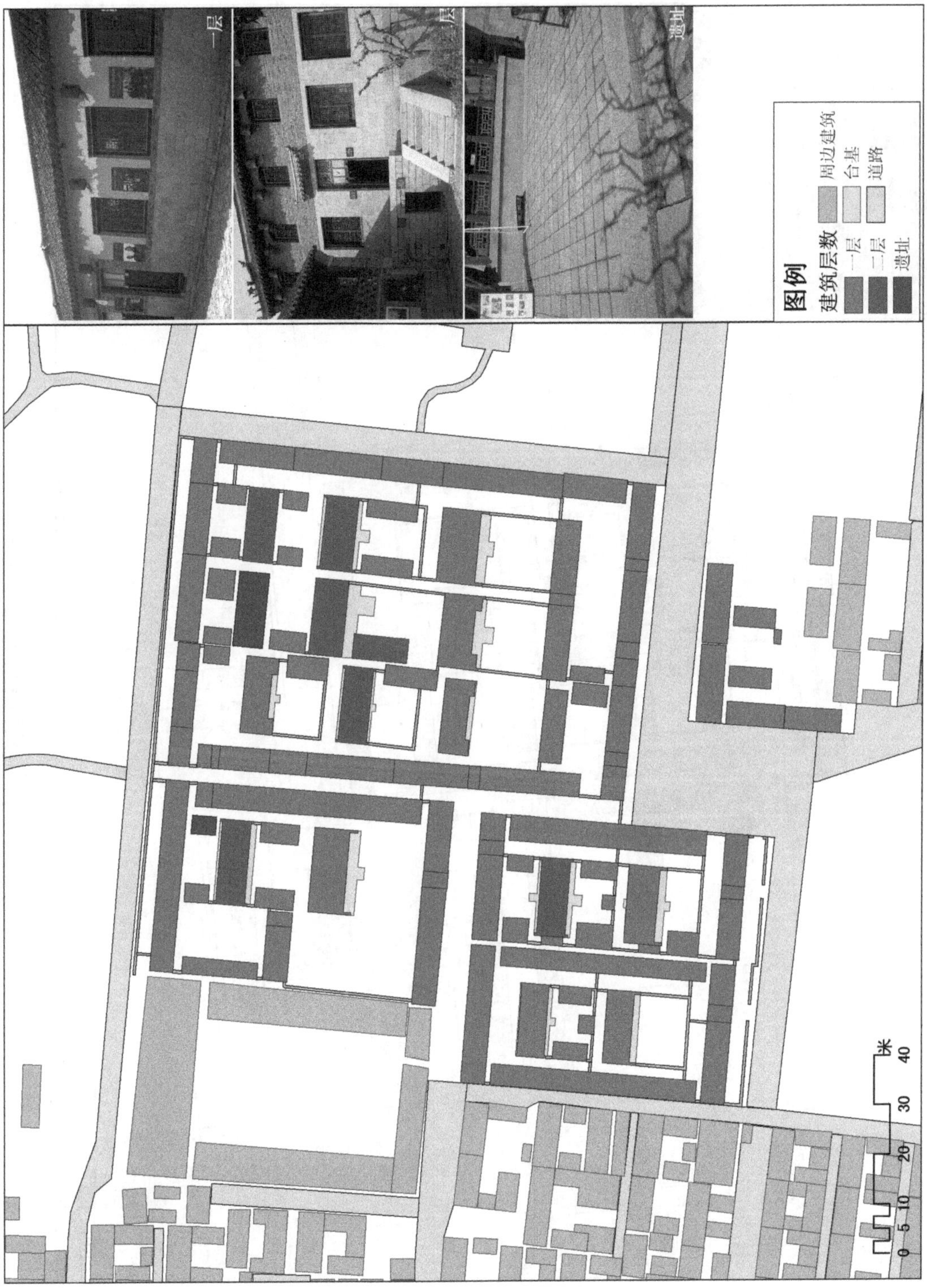

图例

建筑层数
一层
二层
遗址
周边建筑
台基
道路

0 5 10 20 30 40 米

建筑层数现状图

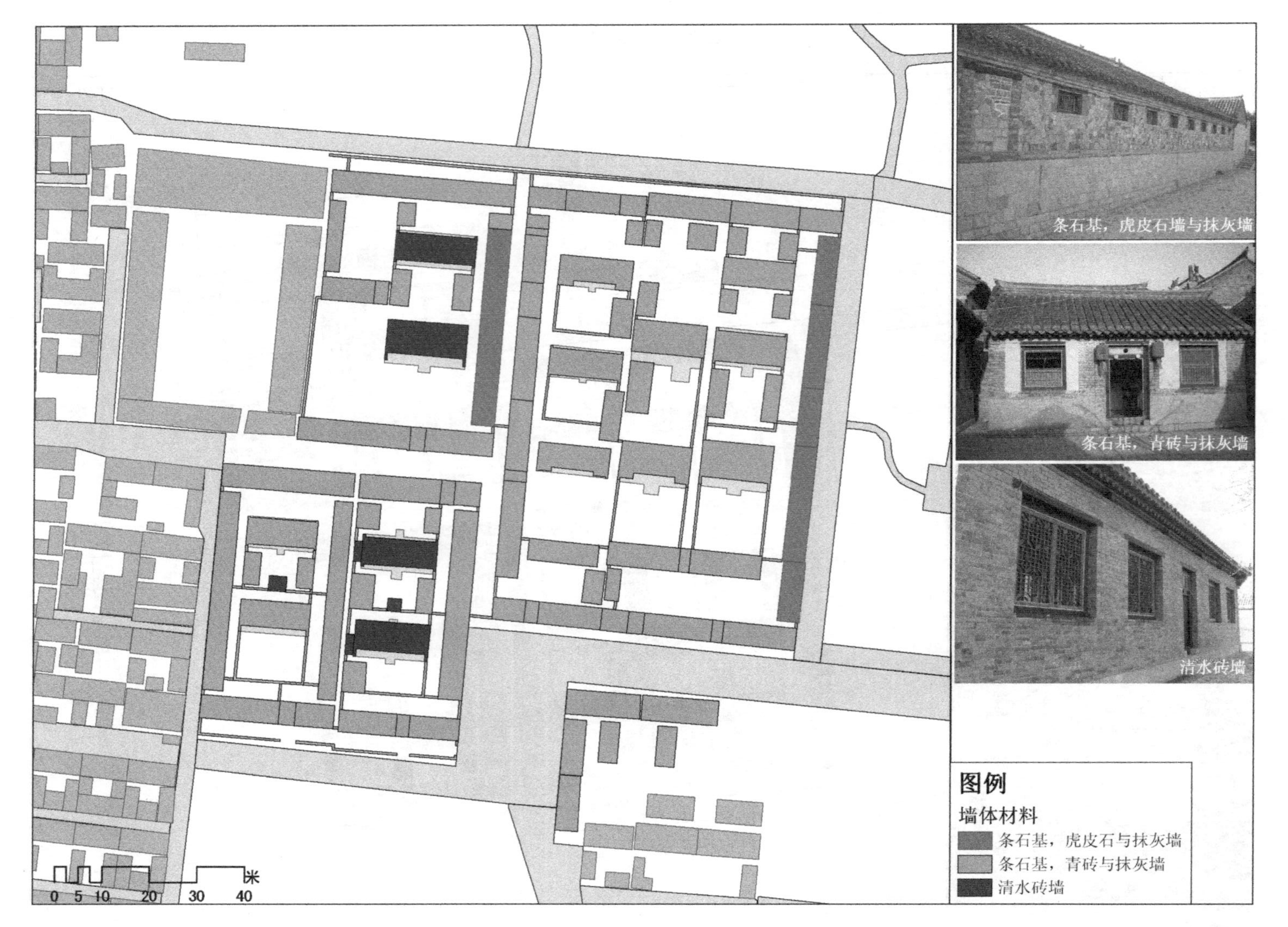
条石基，虎皮石墙与抹灰墙
条石基，青砖与抹灰墙
清水砖墙
图例
墙体材料
条石基，虎皮石与抹灰墙
条石基，青砖与抹灰墙
清水砖墙
0 5 10 20 30 40
米

建筑墙体材料现状图

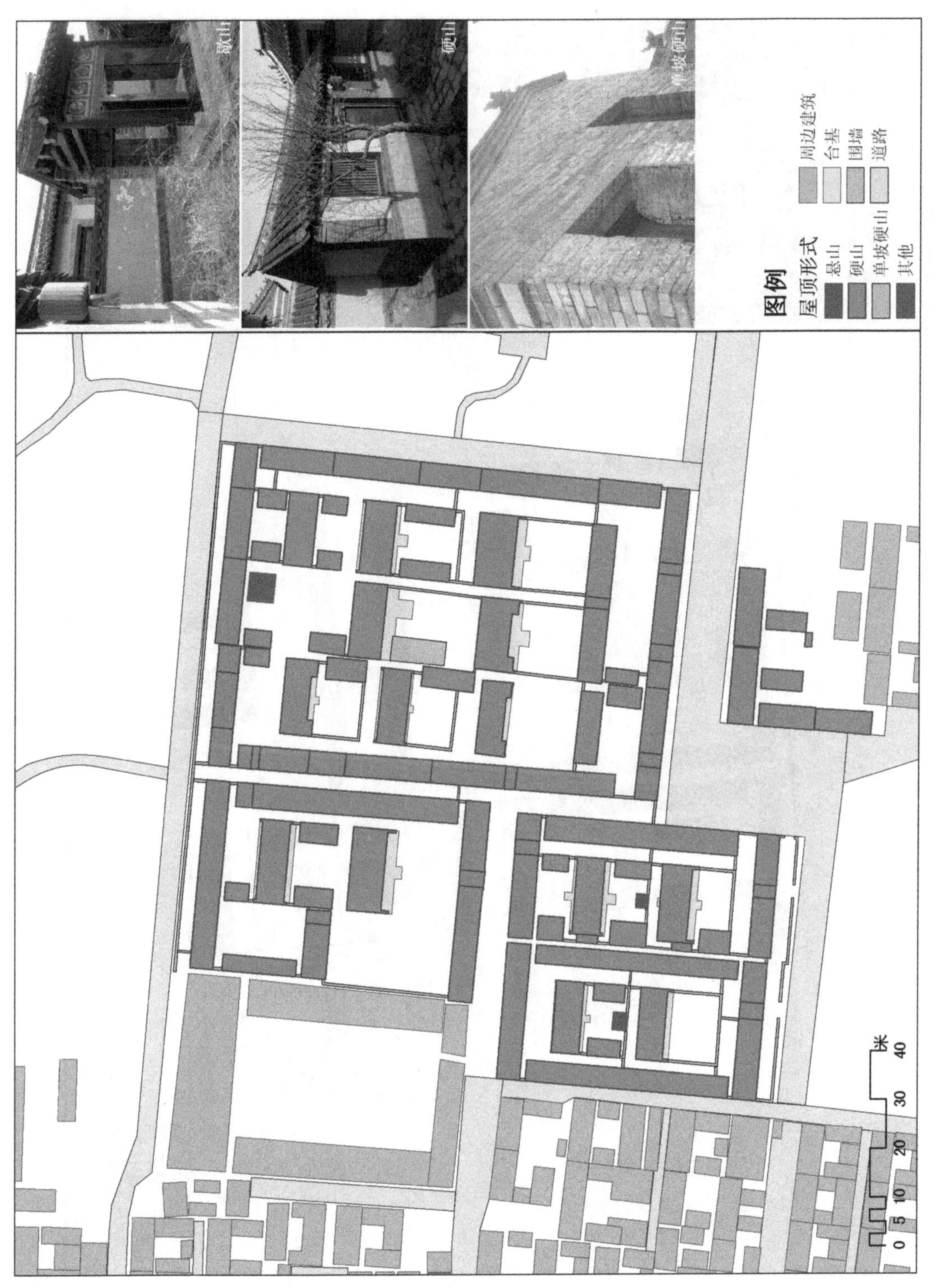

建筑屋顶形式现状图

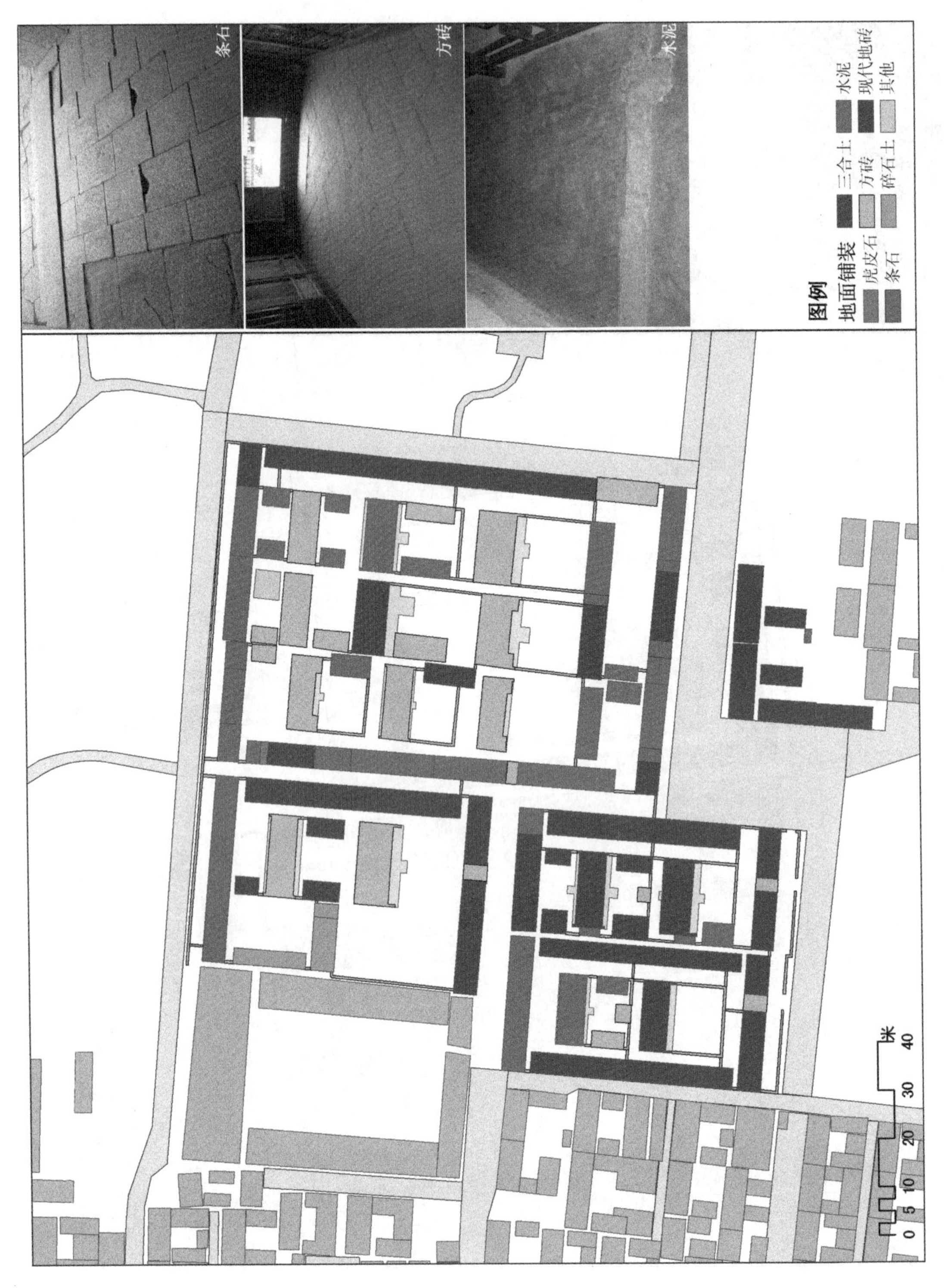

建筑地面铺装现状图

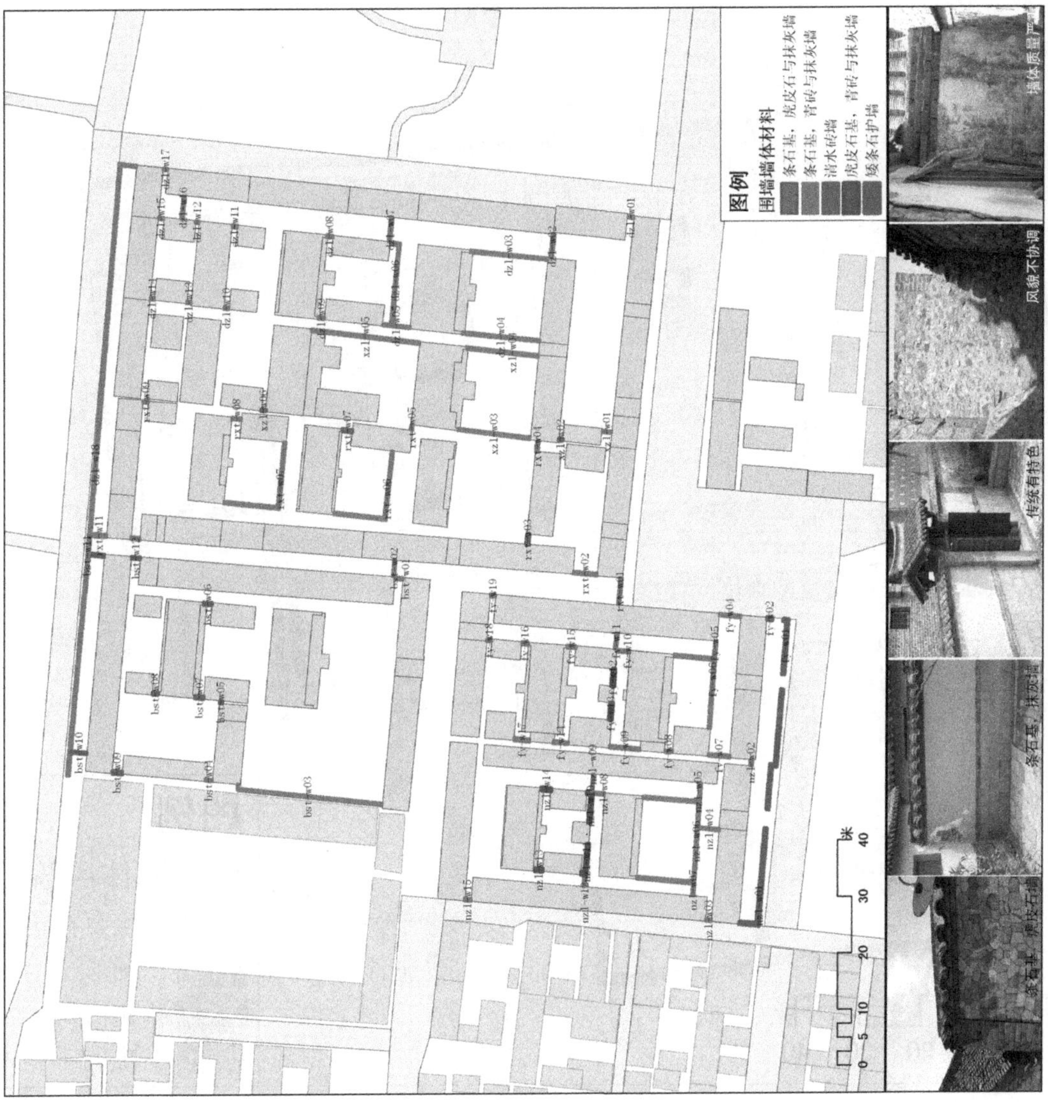

牟氏庄园围墙墙体材料现状图

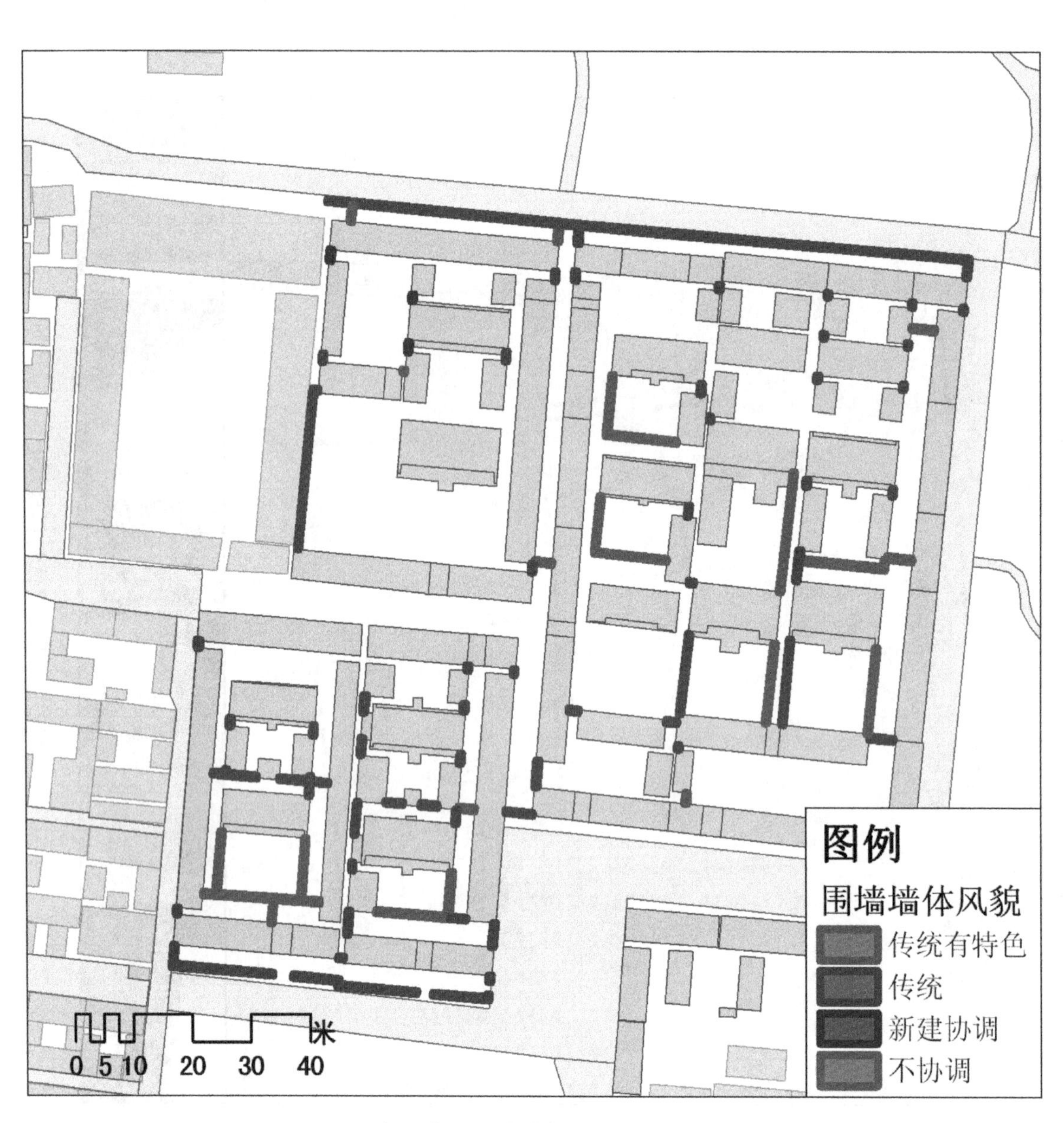

牟氏庄园围墙墙体风貌分析图

牟氏庄园围墙墙体质量分析图

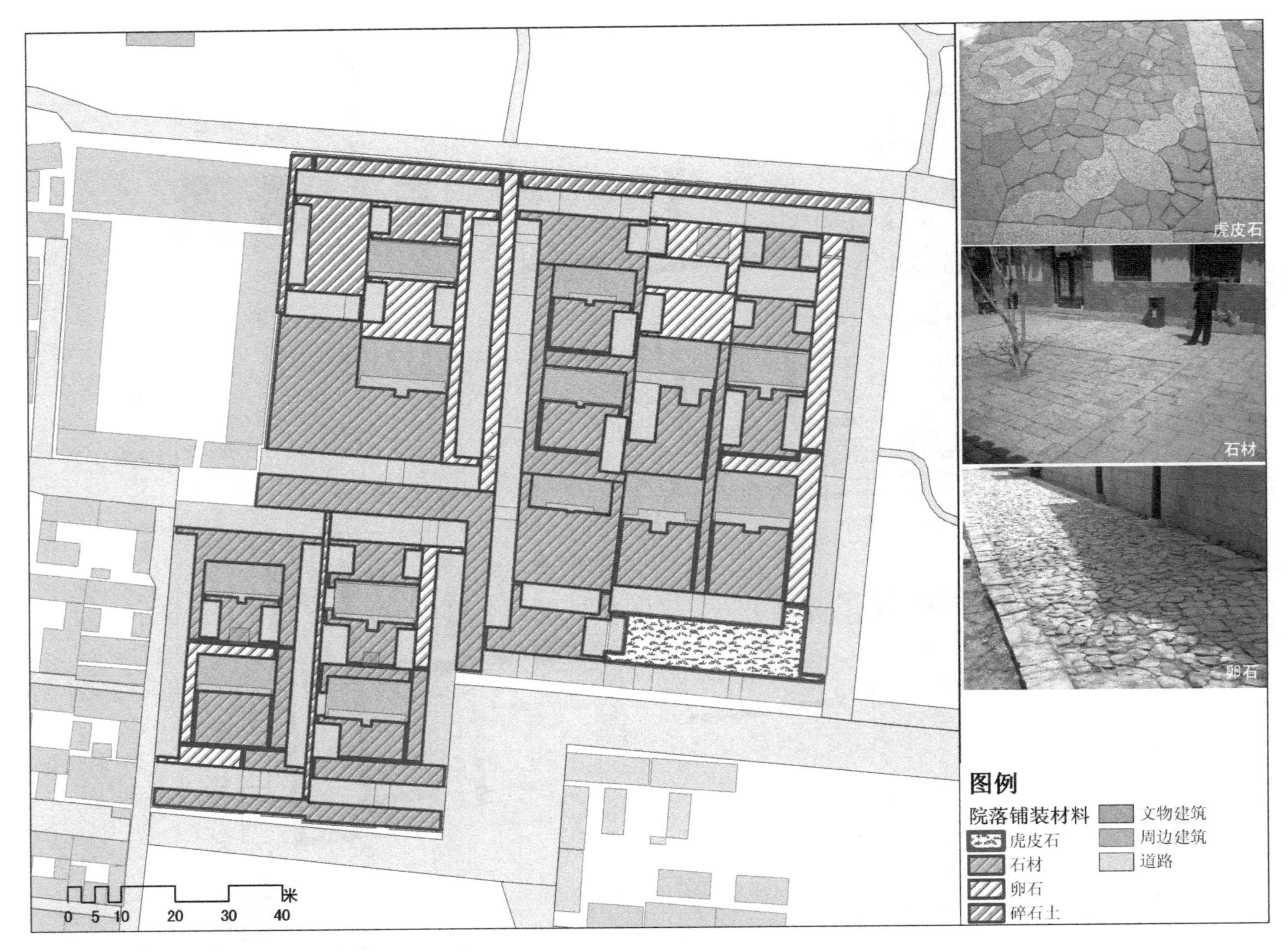

院落铺装材料现状图

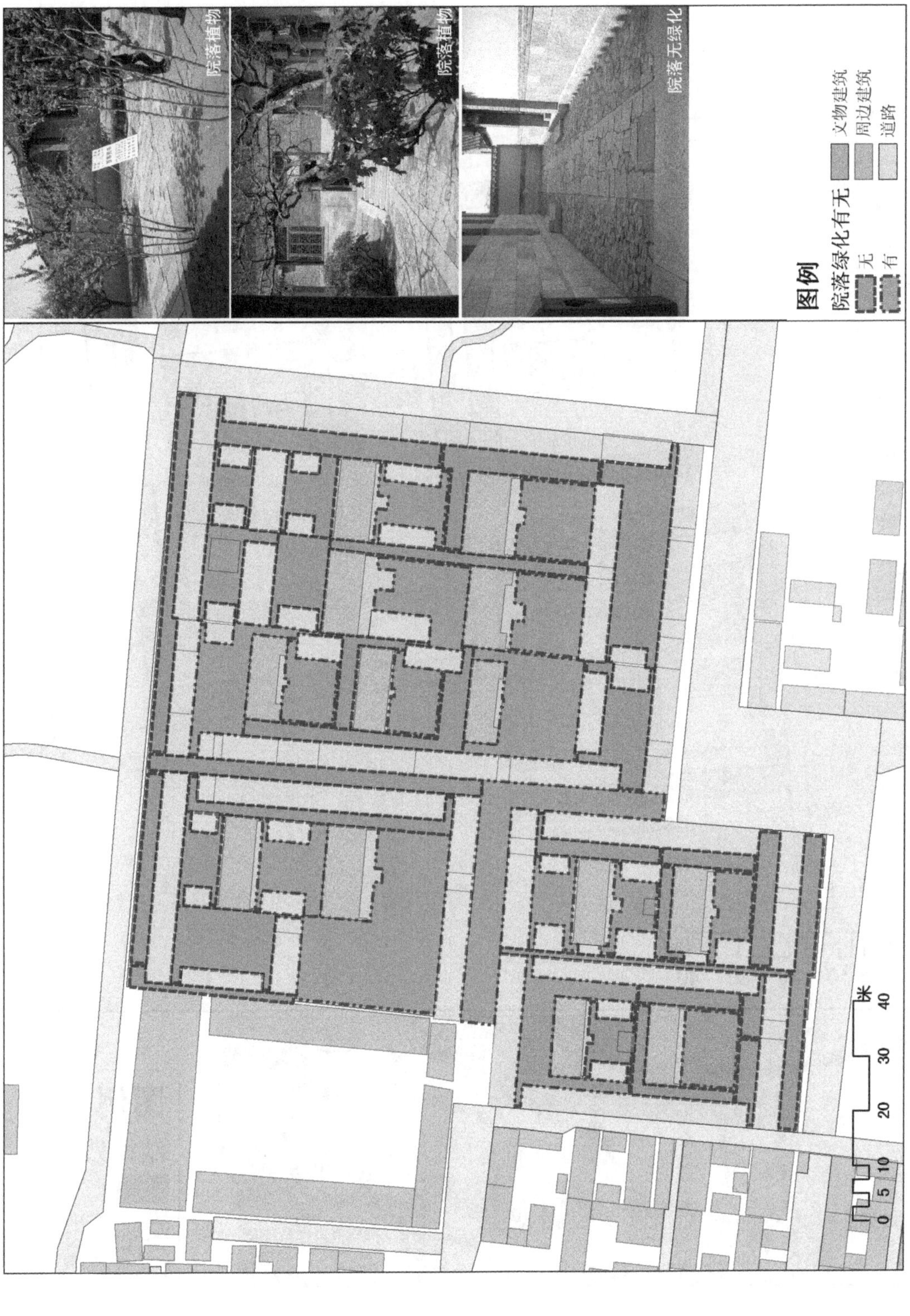

院落绿化现状分析图

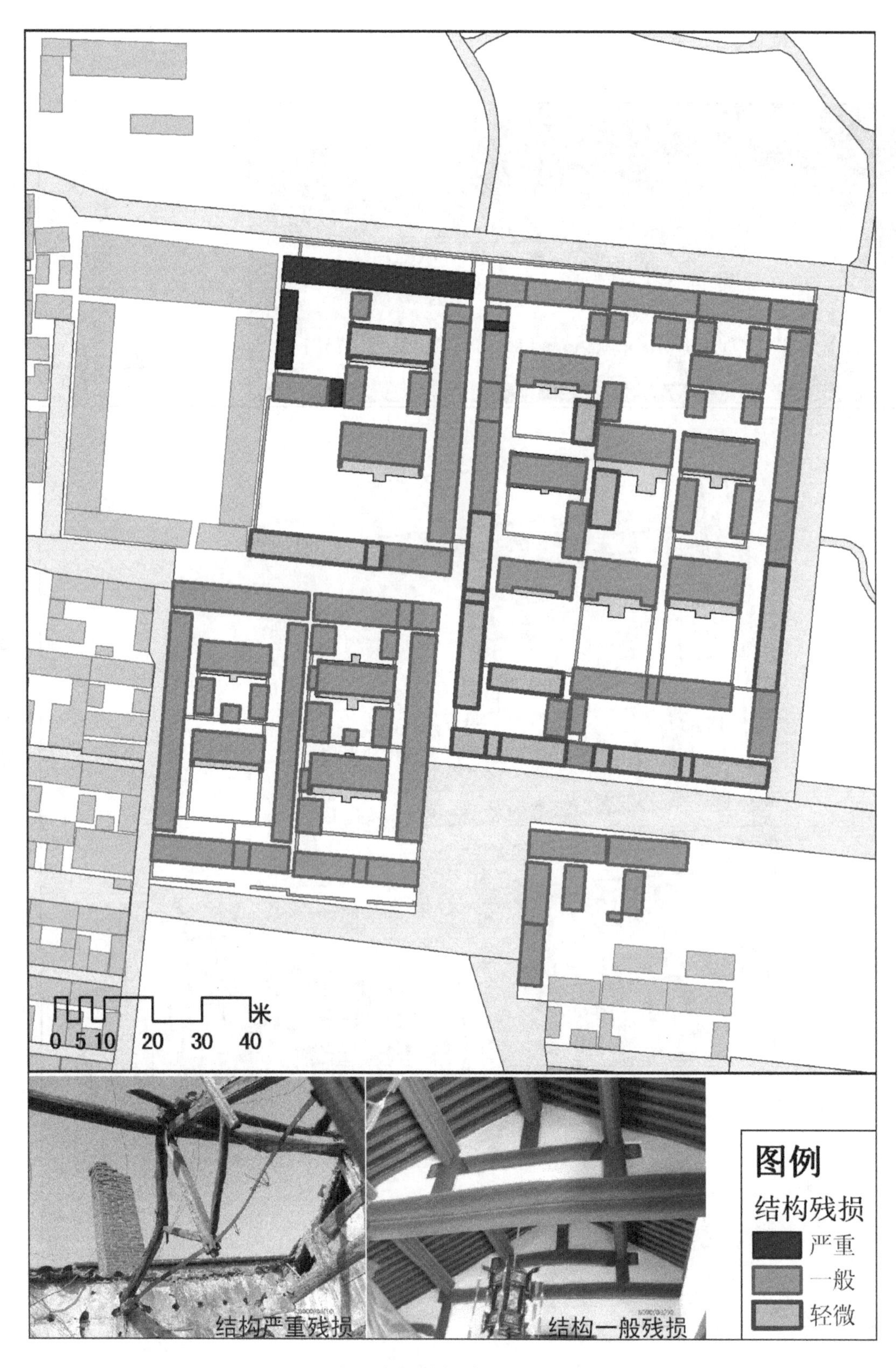

牟氏庄园结构残损分析图

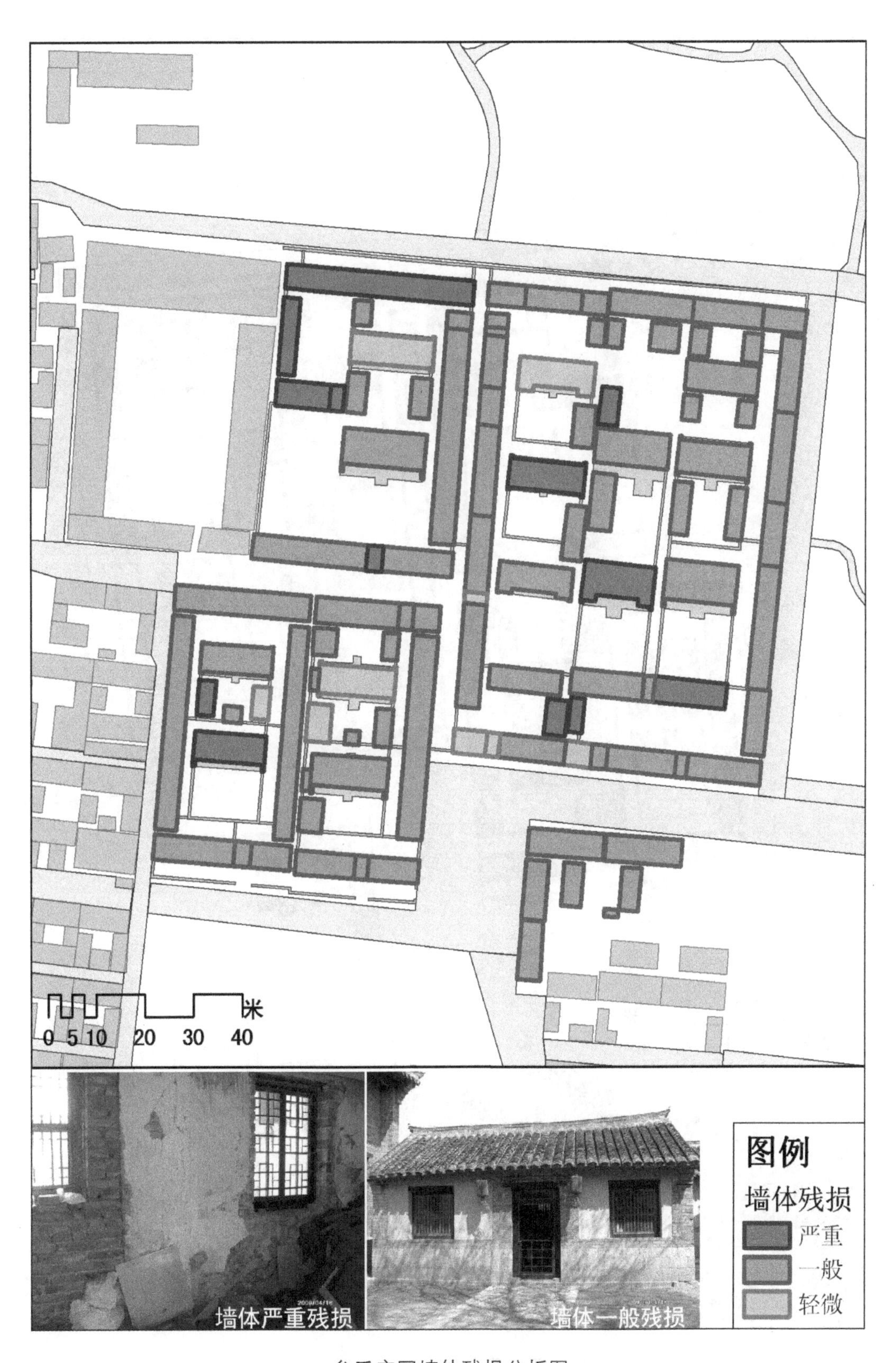

牟氏庄园墙体残损分析图

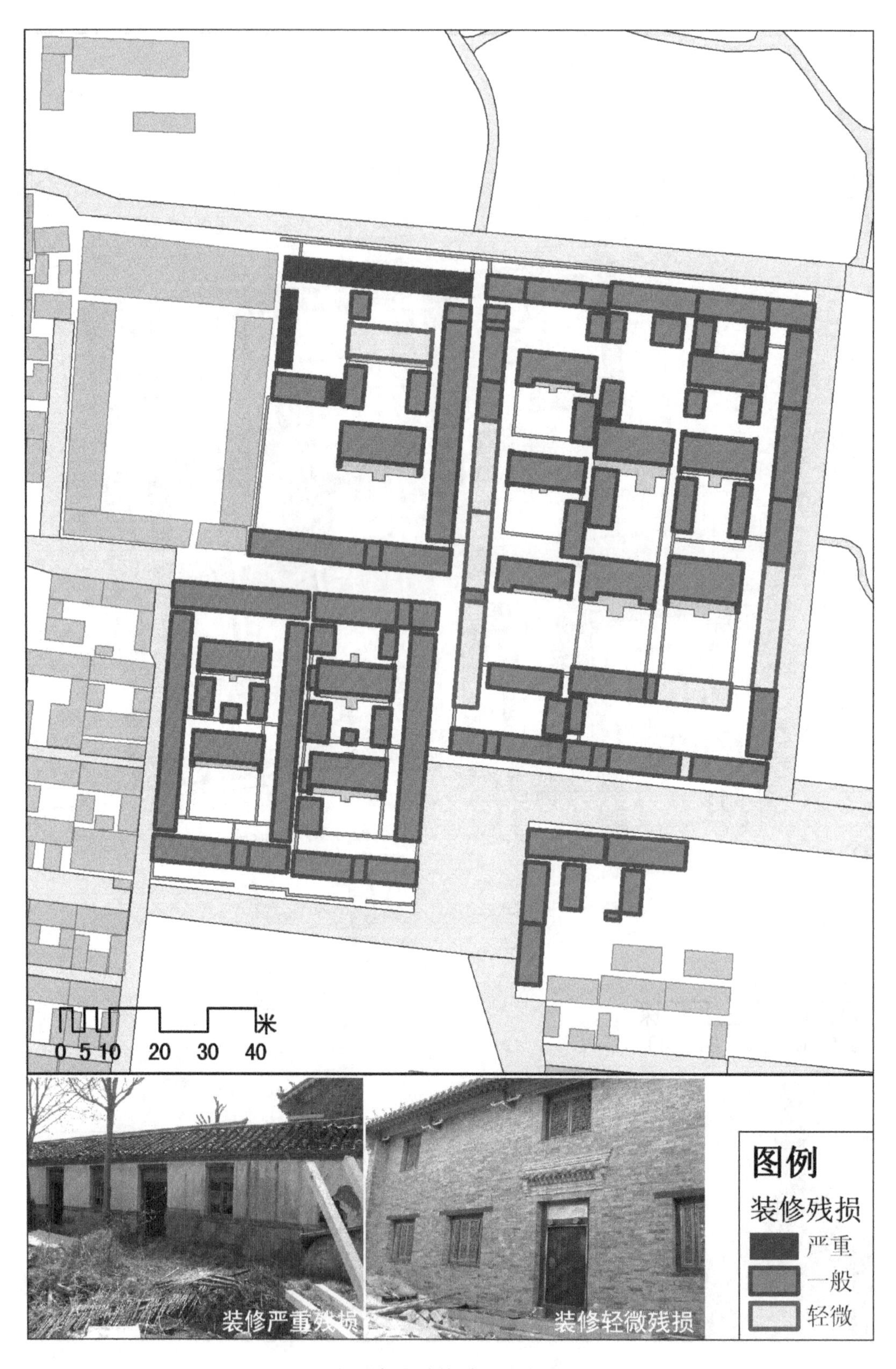

牟氏庄园装修残损分析图

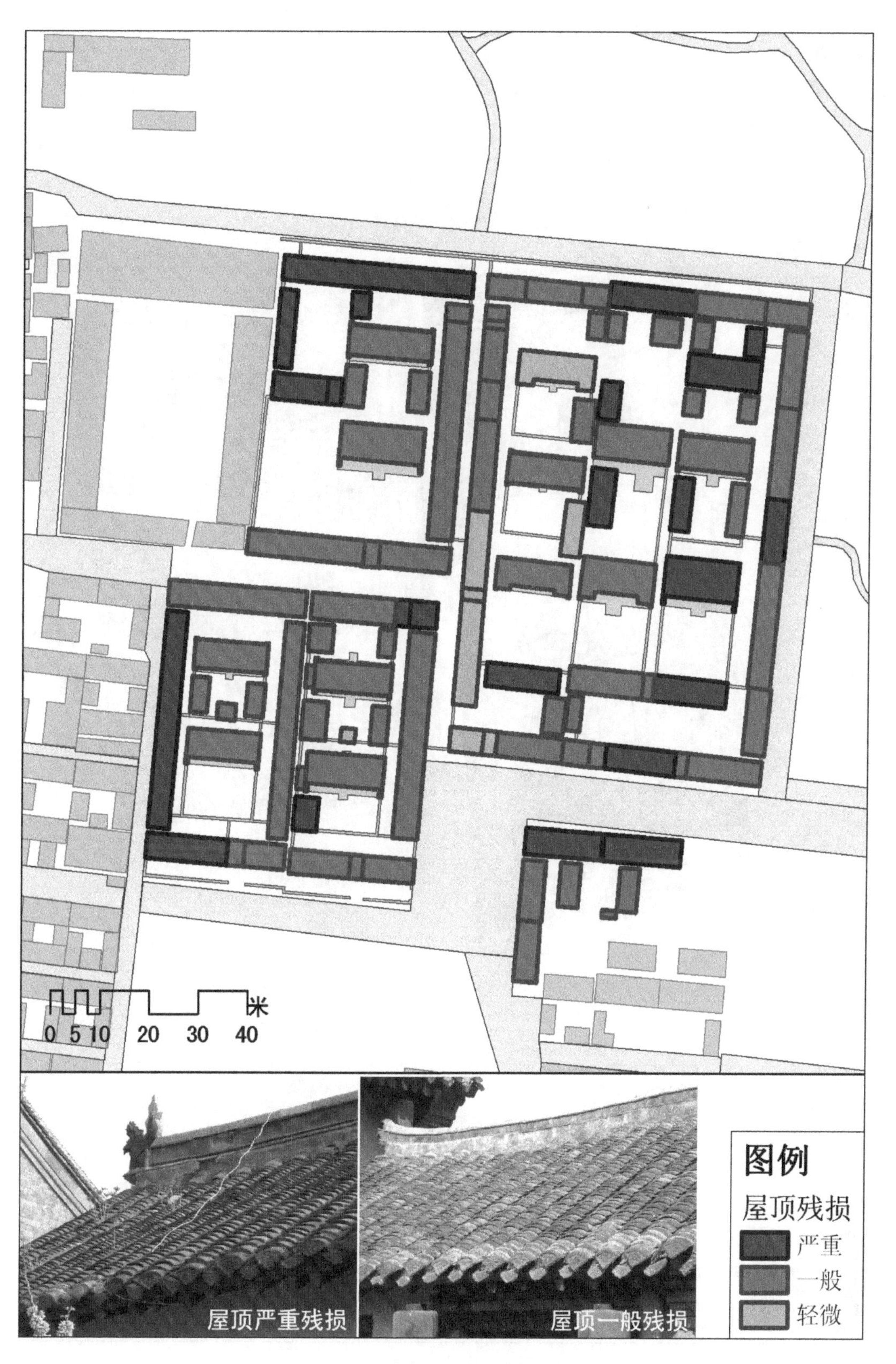

牟氏庄园屋顶残损分析图

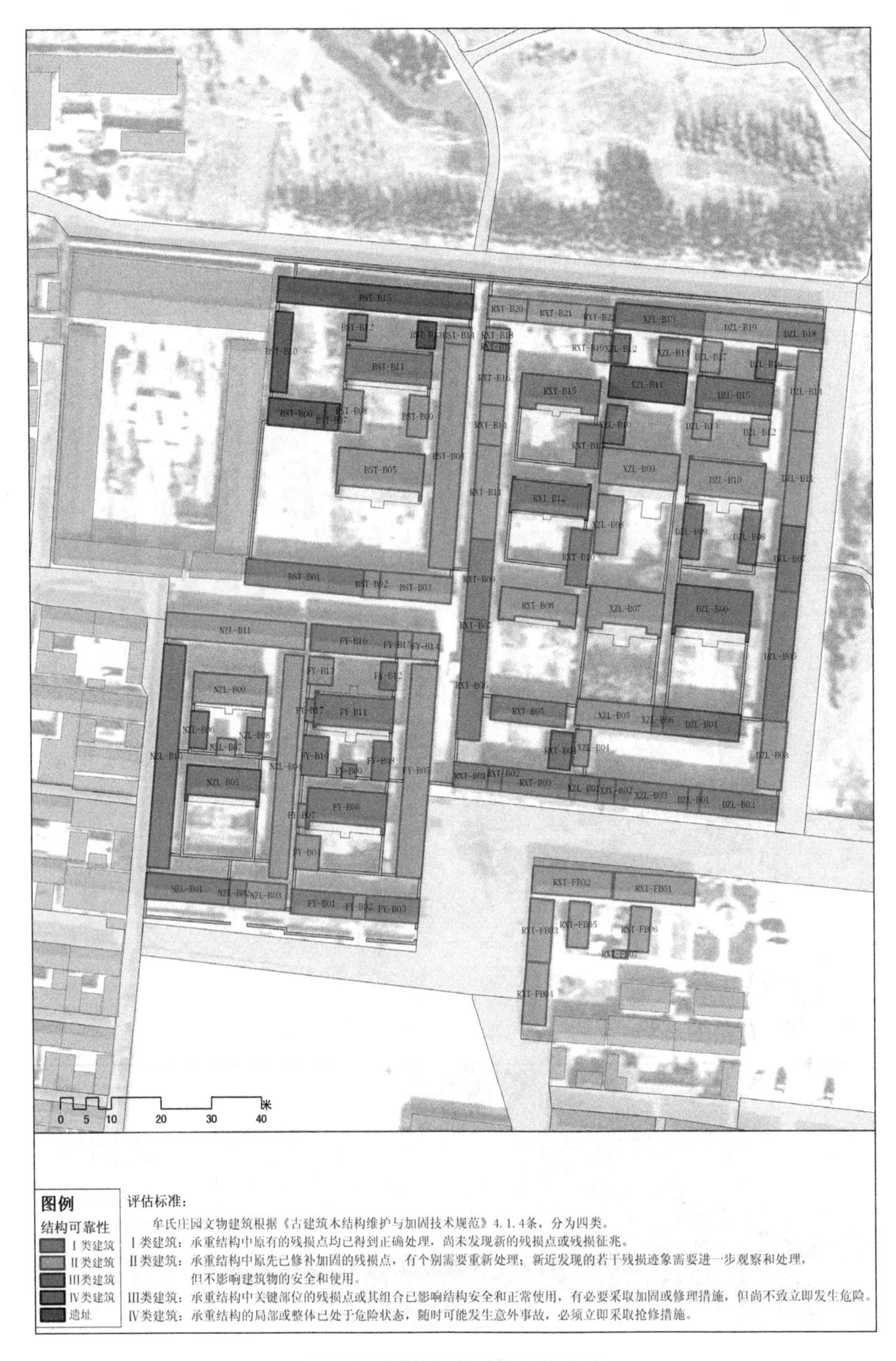

牟氏庄园建筑结构可靠性评估图

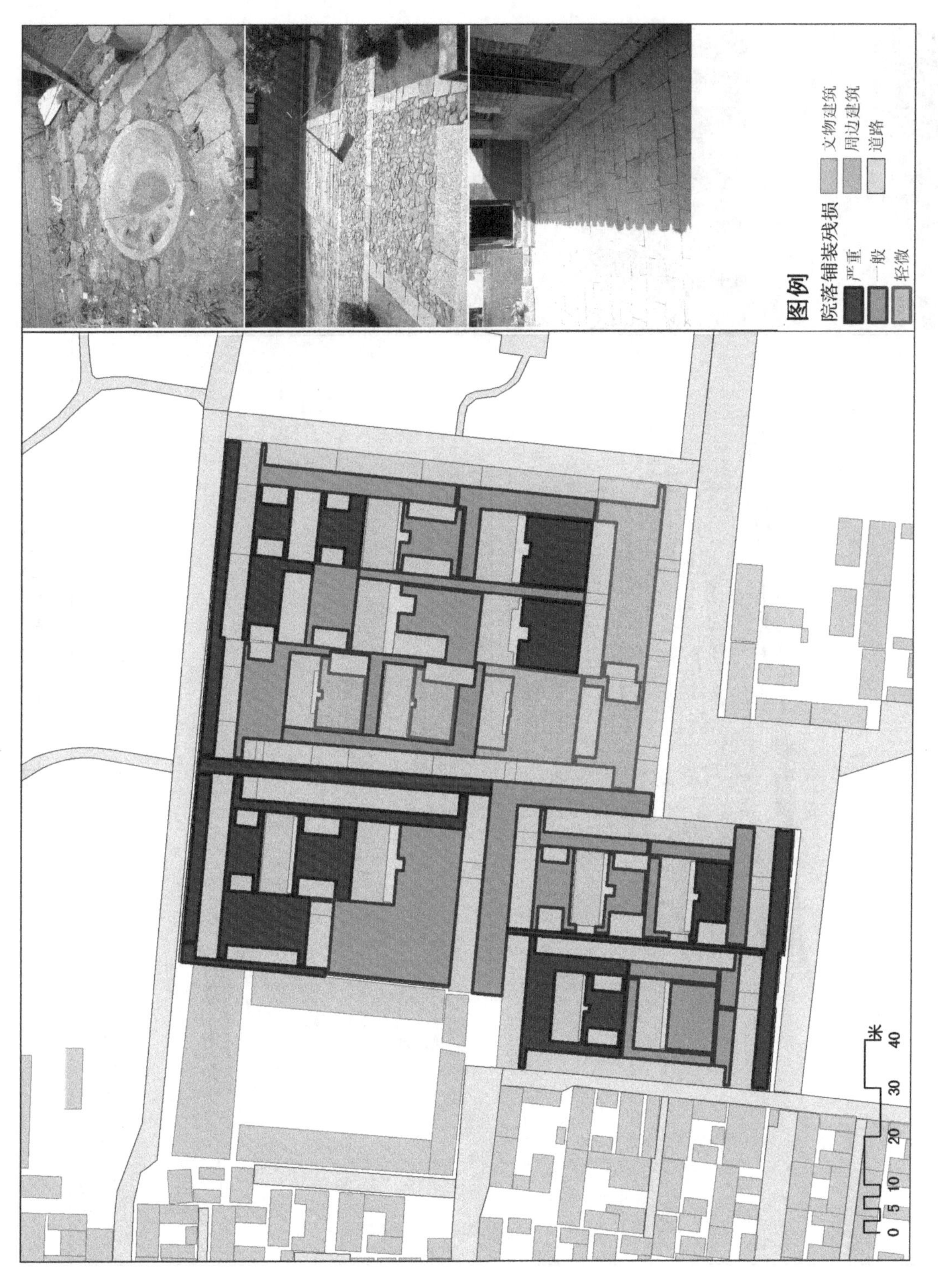

牟氏庄园建筑院落地面残损评估图

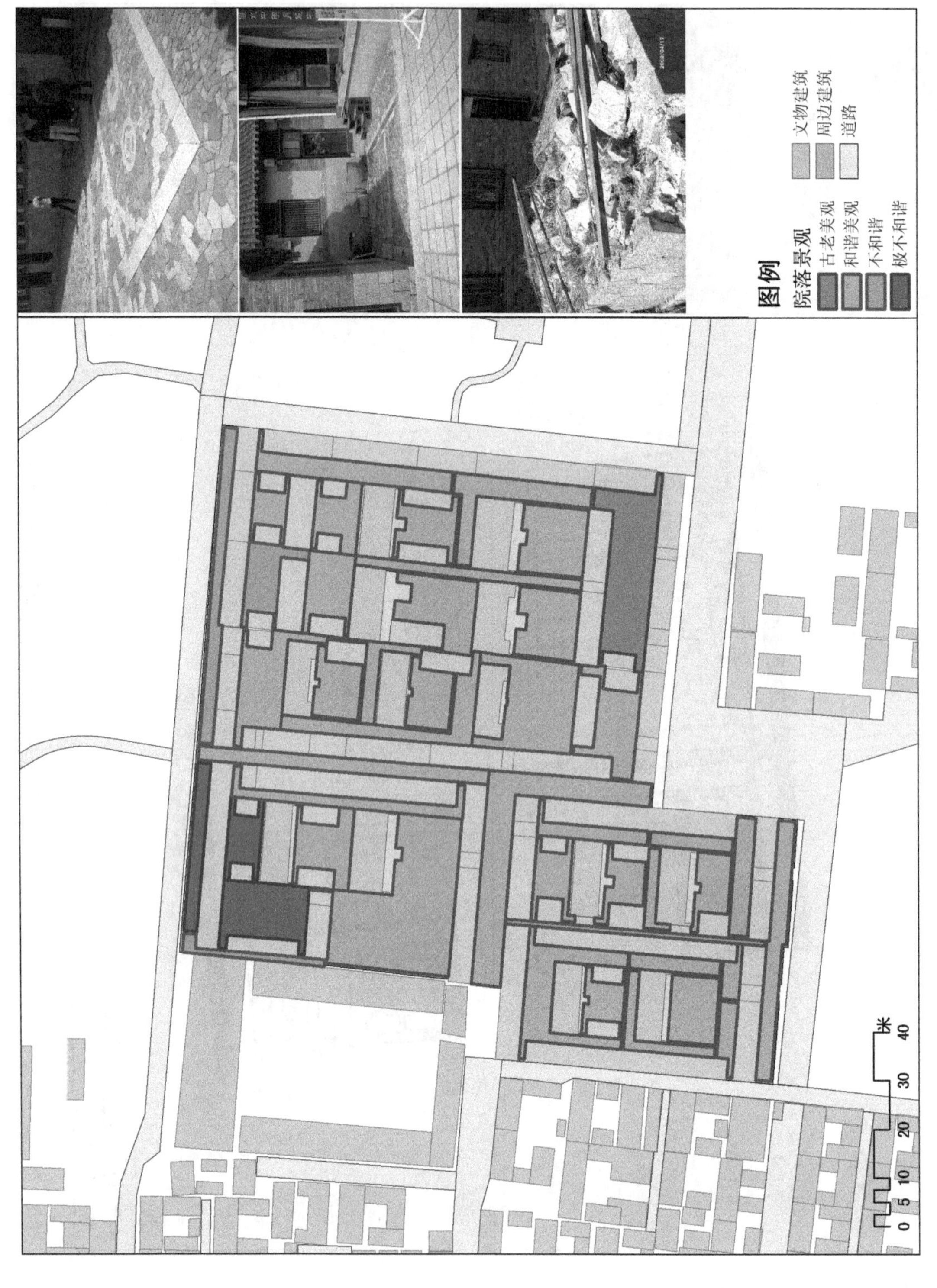

牟氏庄园建筑院落景观评估图

图例
周边建筑
建筑功能
传统民宅
现代住宅
学校
企业工矿
新建商业
旅馆酒店
文化
公共厕所
牲畜
闲置
废弃建筑
0
25
50
100
150
200
米

周边建筑功能分布图

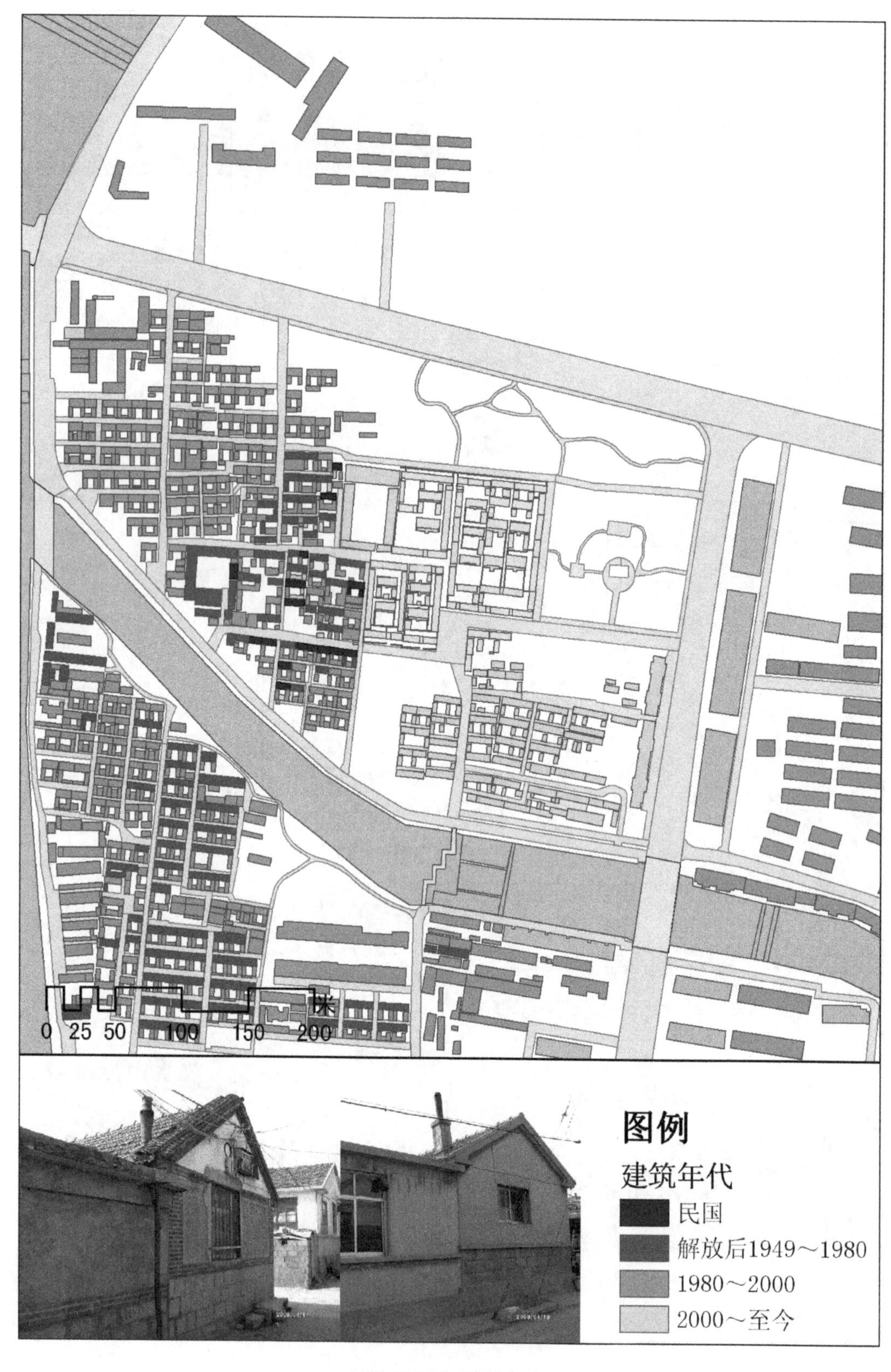

周边建筑年代分析图

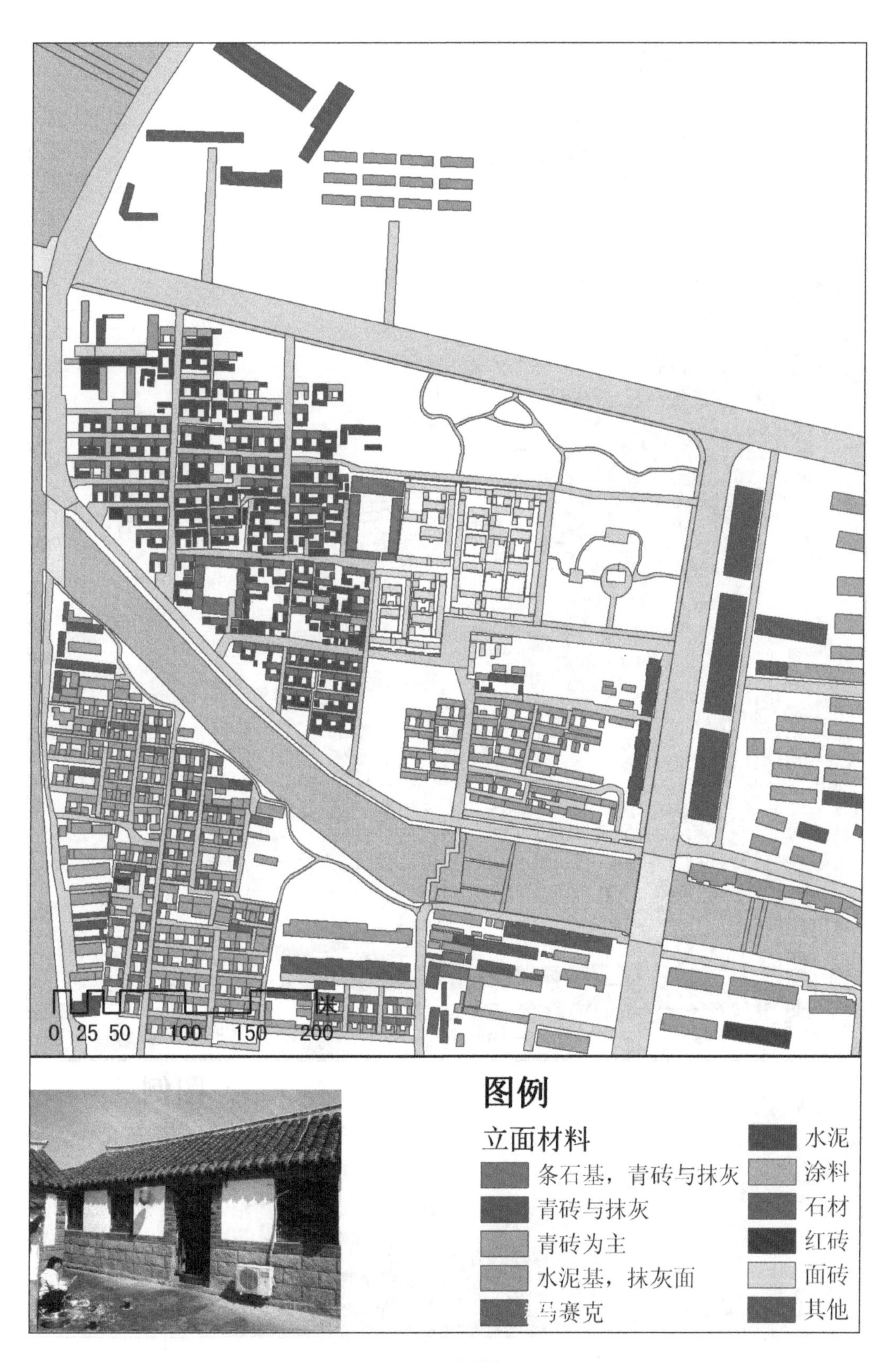

周边建筑立面材料分析图

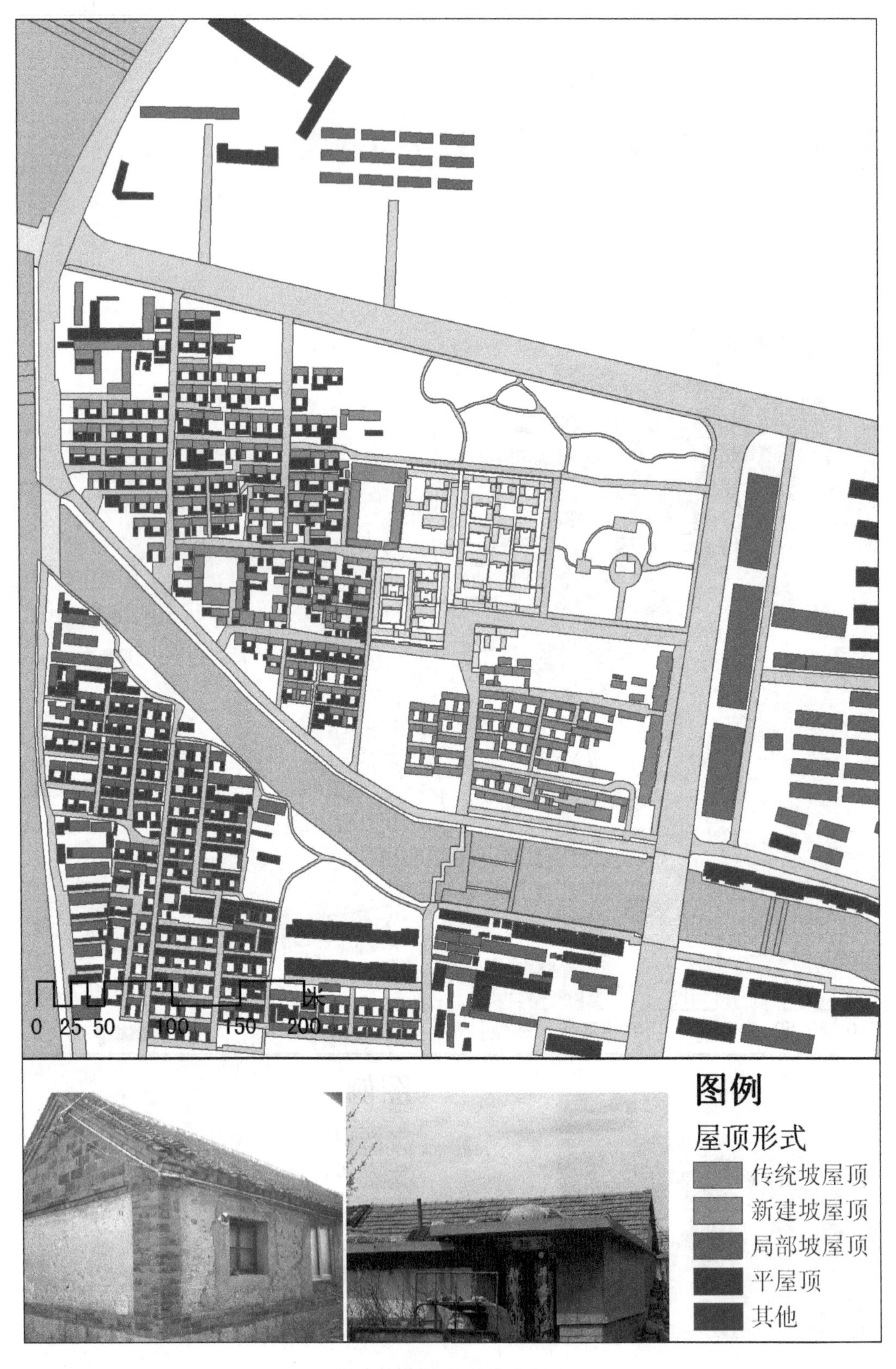

周边建筑屋顶形式分析图

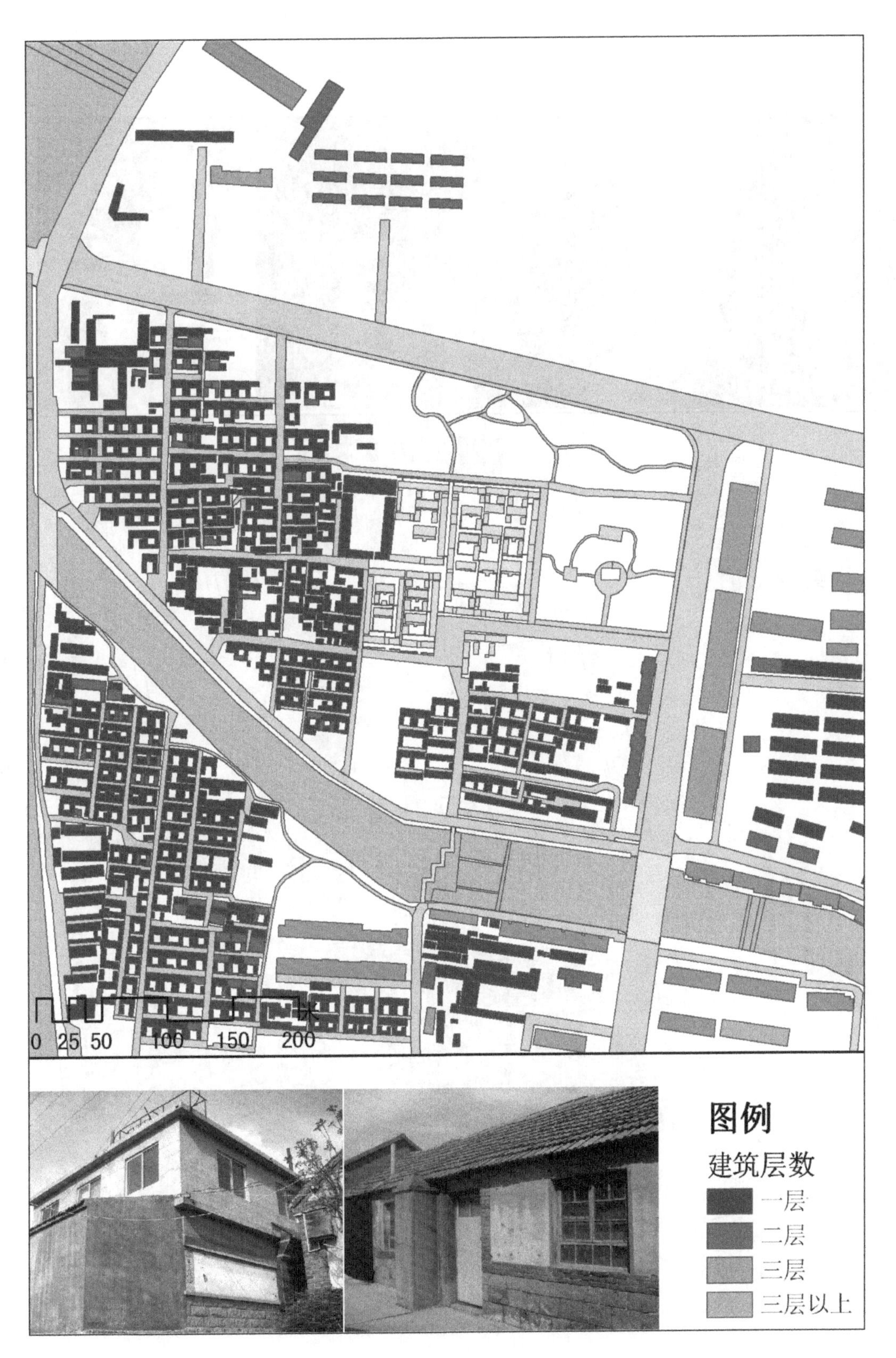

周边建筑层数分析图

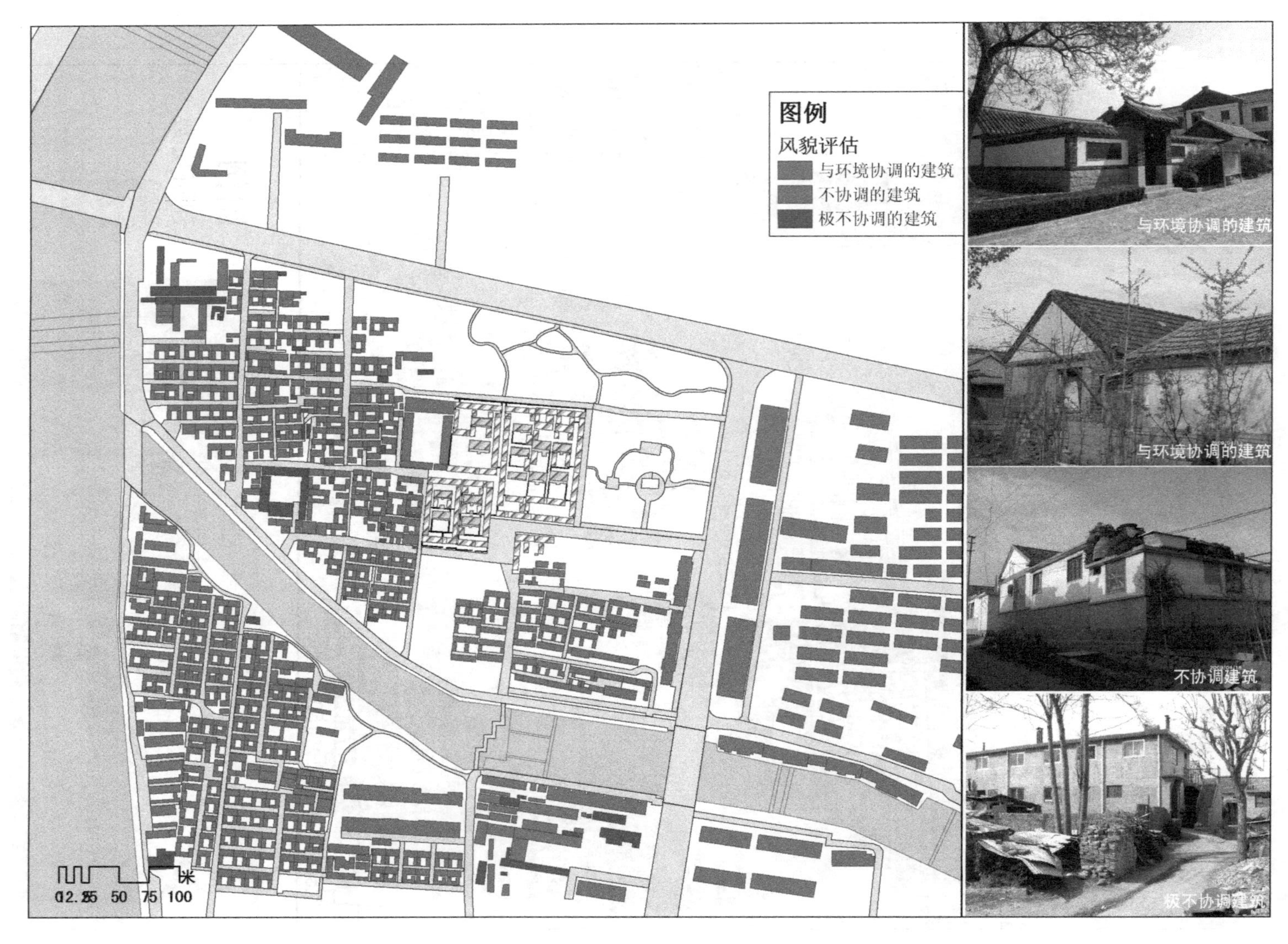
图例
风貌评估
与环境协调的建筑
不协调的建筑
极不协调的建筑
与环境协调的建筑
与环境协调的建筑
不协调建筑
50 75 100
米

周边建筑风貌评估图

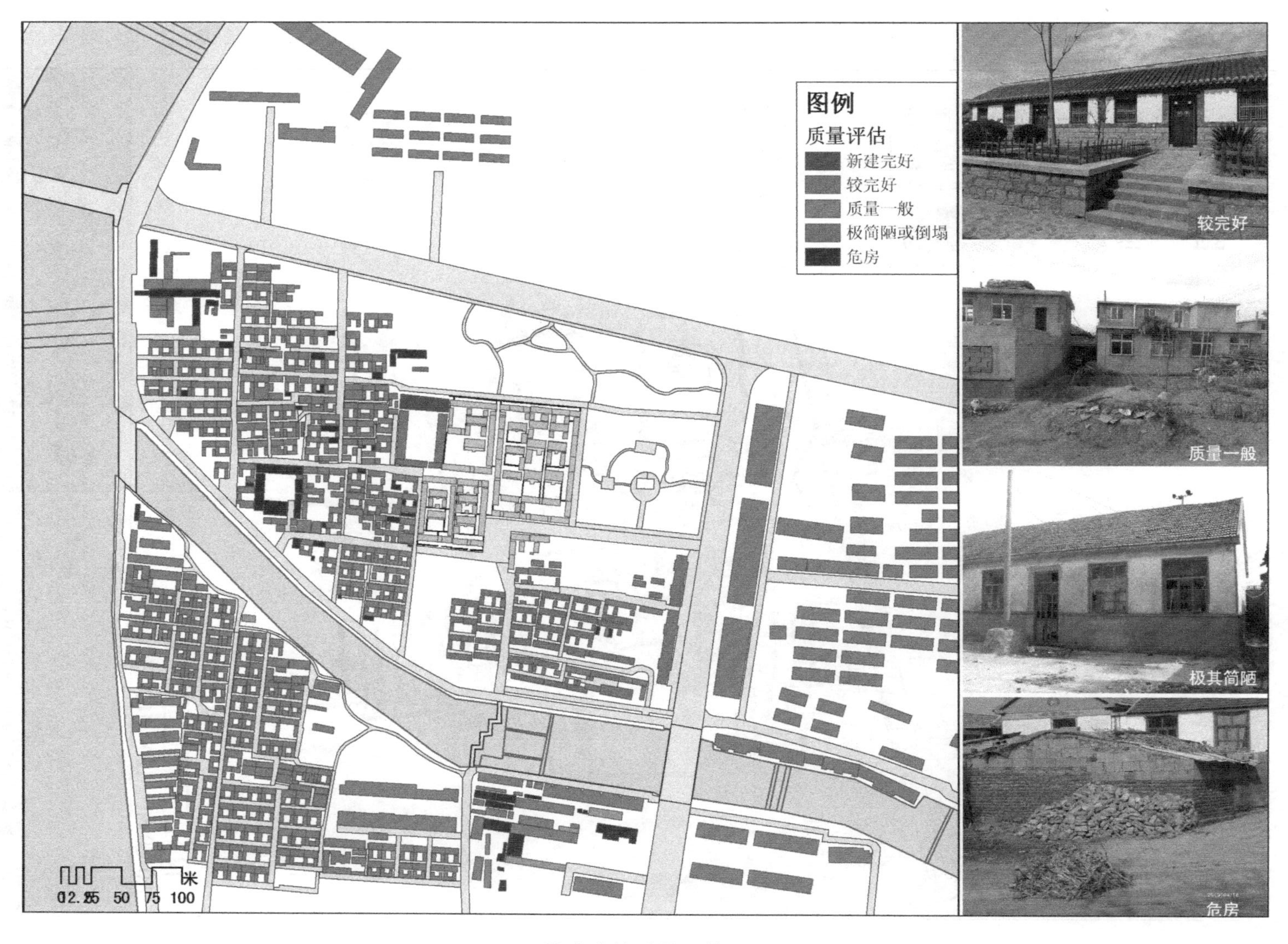

图例
质量评估
新建完好
较完好
质量一般
极简陋或倒塌
危房
较完好
质量一般
极其简陋
危房
0 12.5 25 50 75 100 米

周边建筑质量评估图

图例
文物建筑
道路等级
城市主干道
城市支路
村镇主干道
村镇次干道
巷道
步行小路
0 30 60 120 180 240
米
庄园路（庄园北侧城市主路）
庄园东侧入口路面
庄园南路（东段拼花路面）
庄园南侧入口路面

周边道路现状分析图

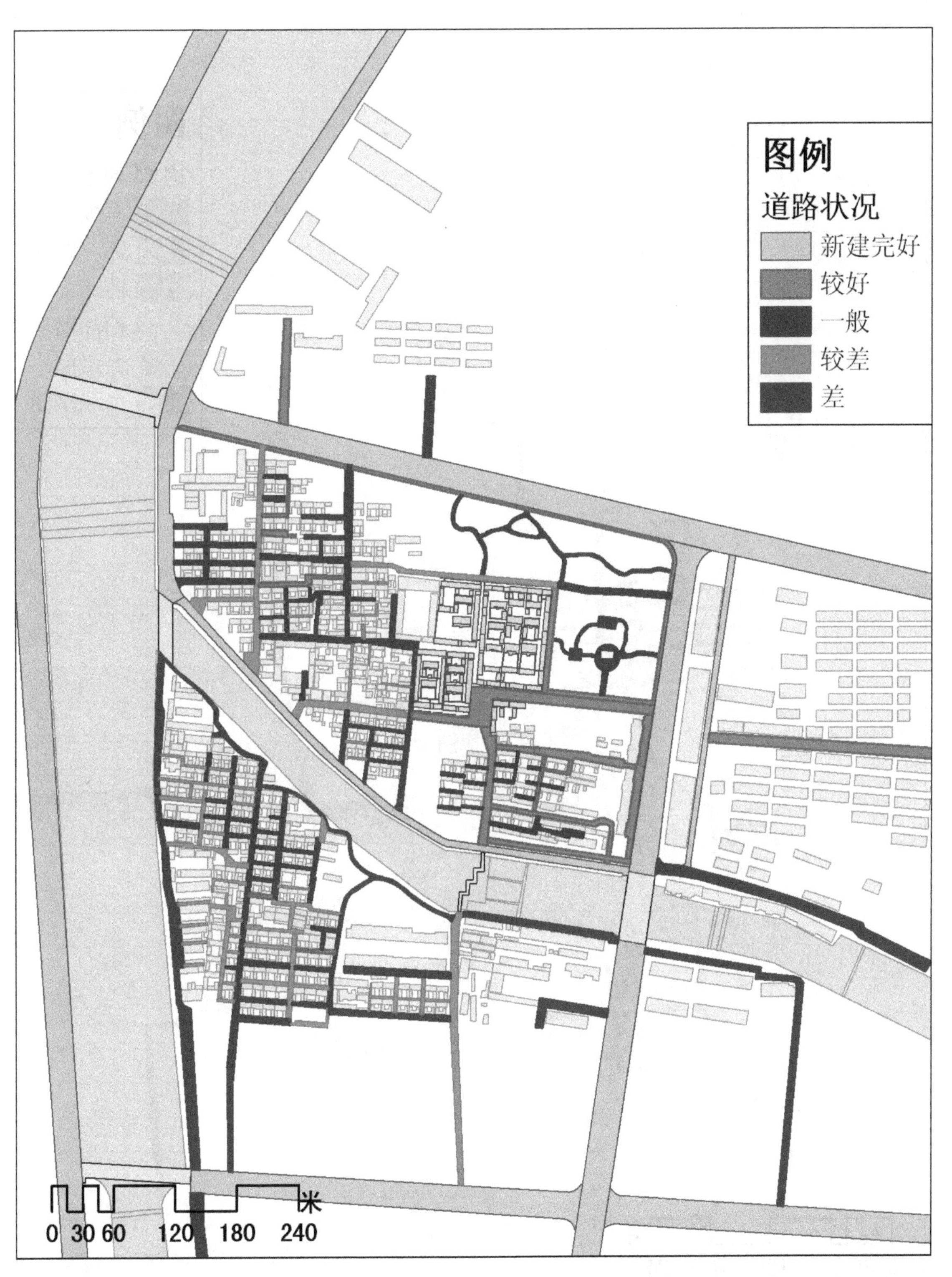

周边路面状况分析图

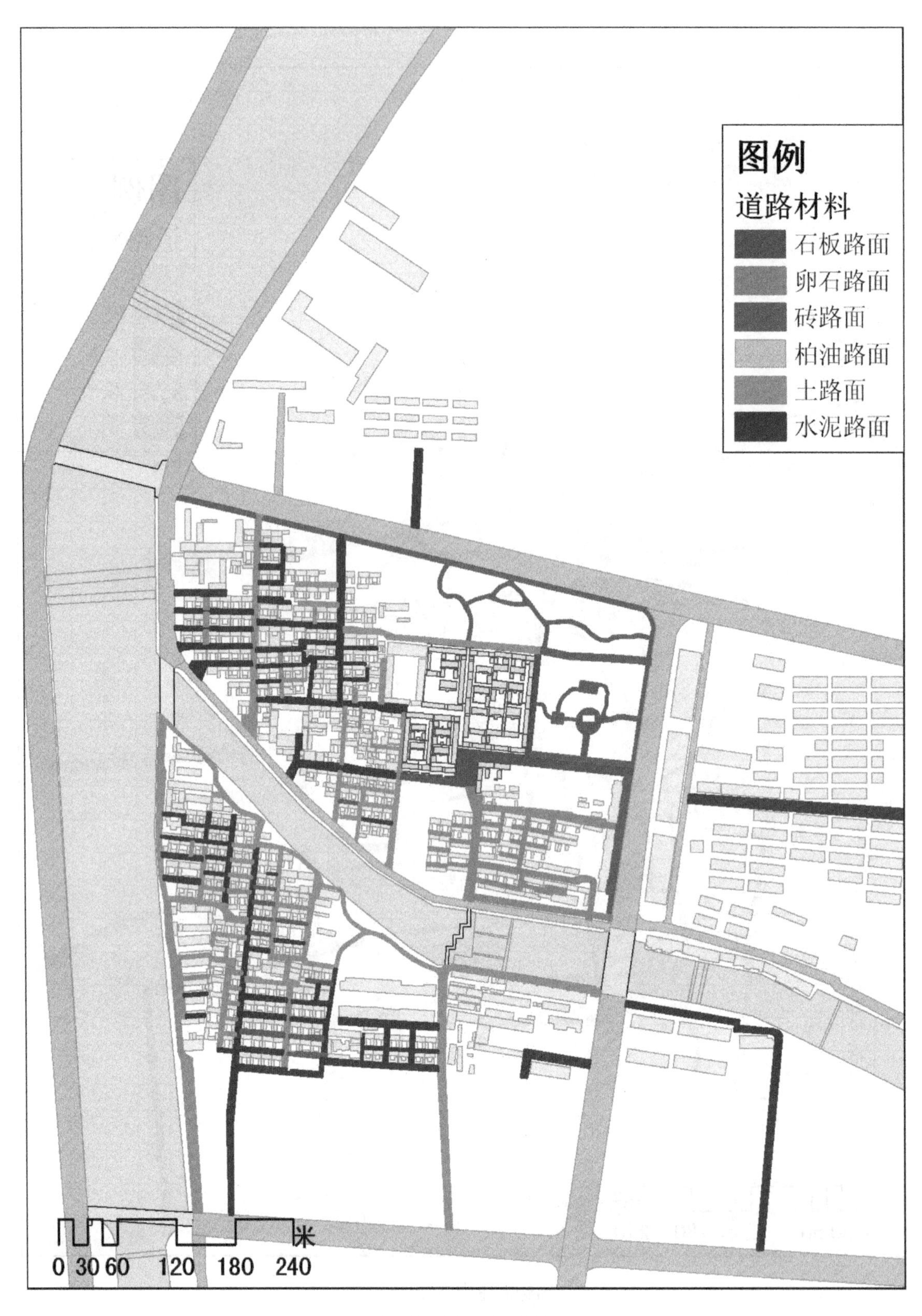

周边道路材料现状图

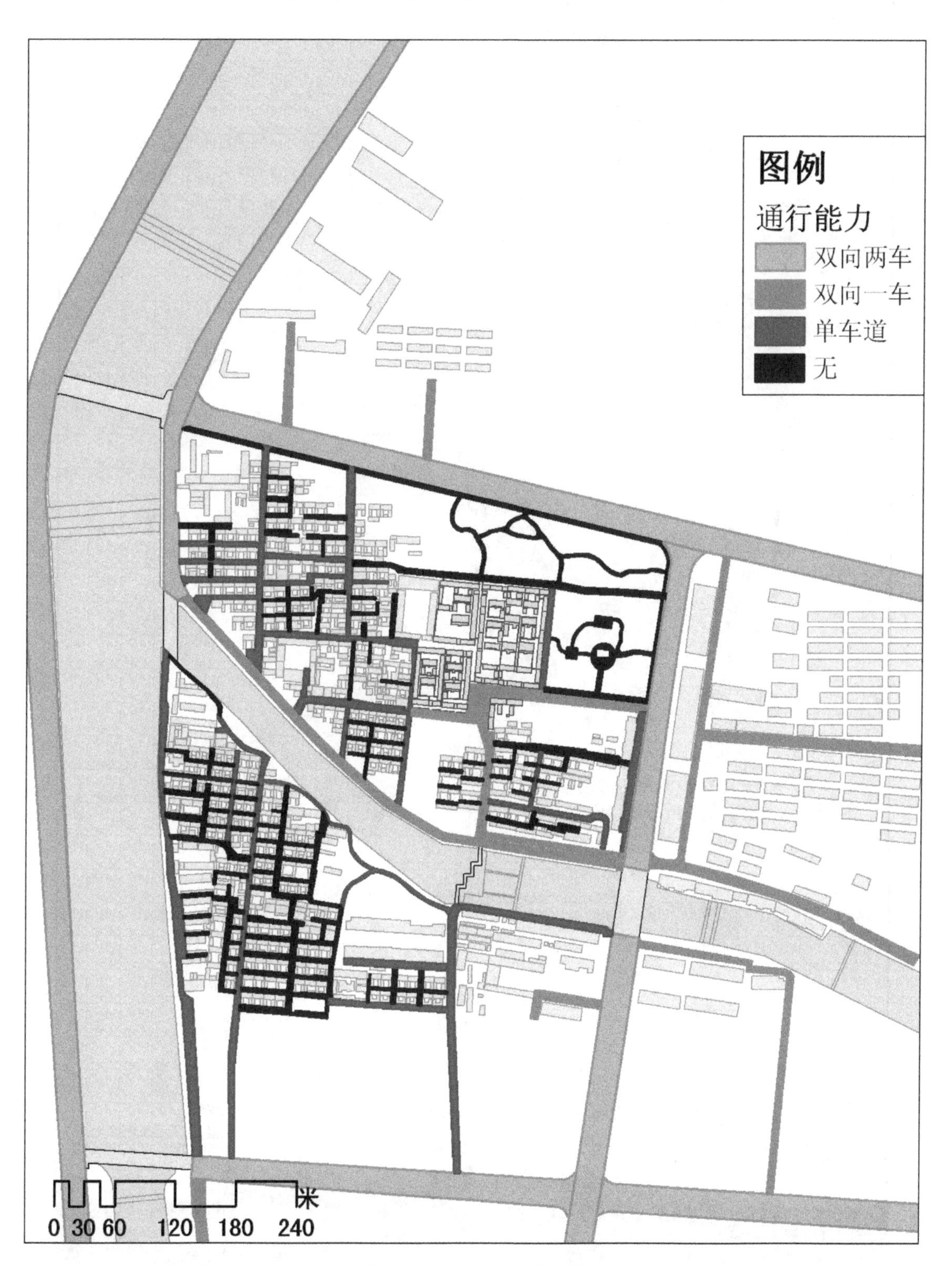

周边道路通行能力分析图

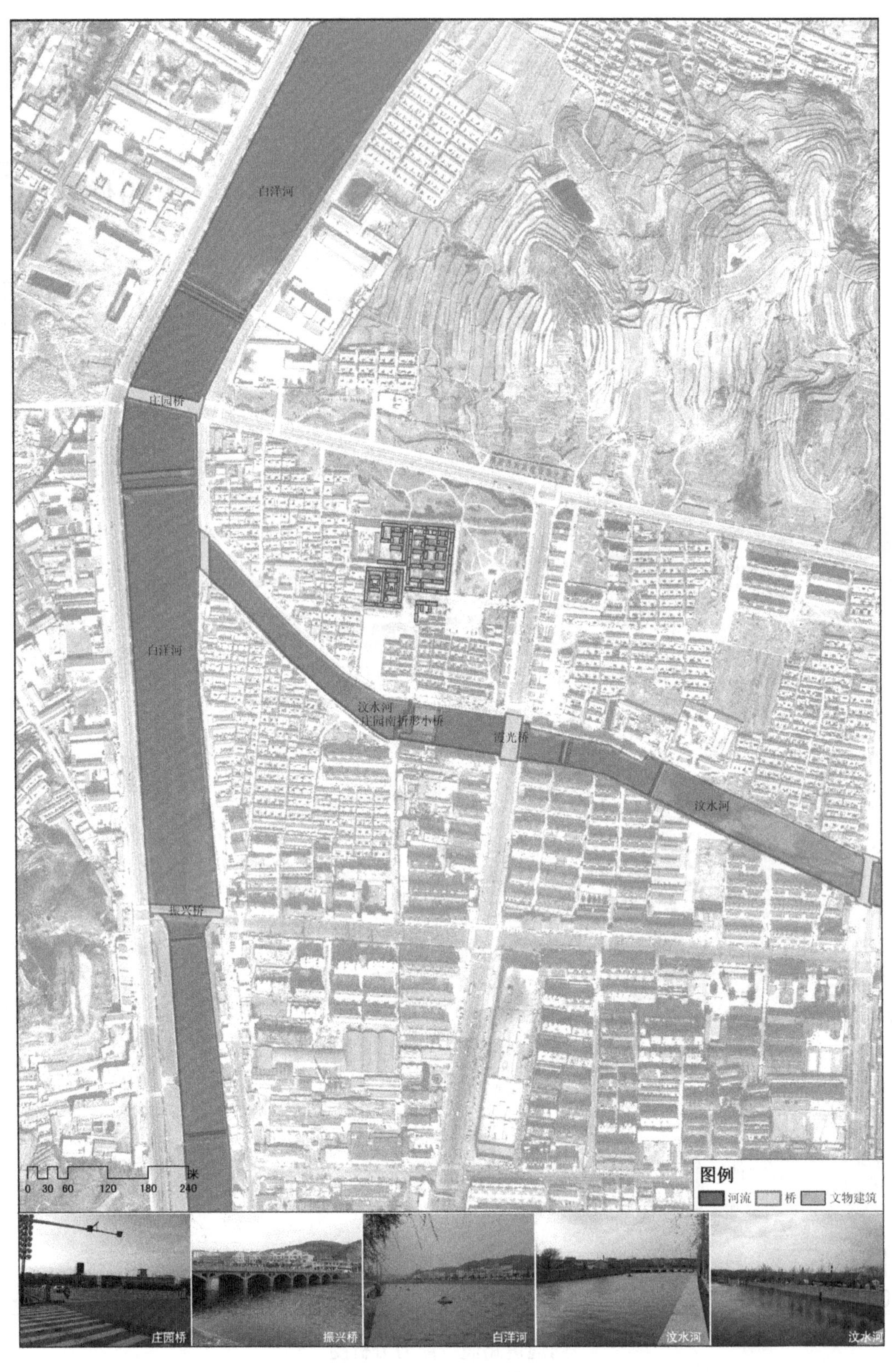
白洋河
庄园桥
白洋河
汶水河
庄园南折形小桥
霞光桥
汶水河
振兴桥
0 30 60 120 180 240 米
图例
河流
桥
文物建筑
庄园桥
振兴桥
白洋河
汶水河
汶水河

周边河流水系现状图

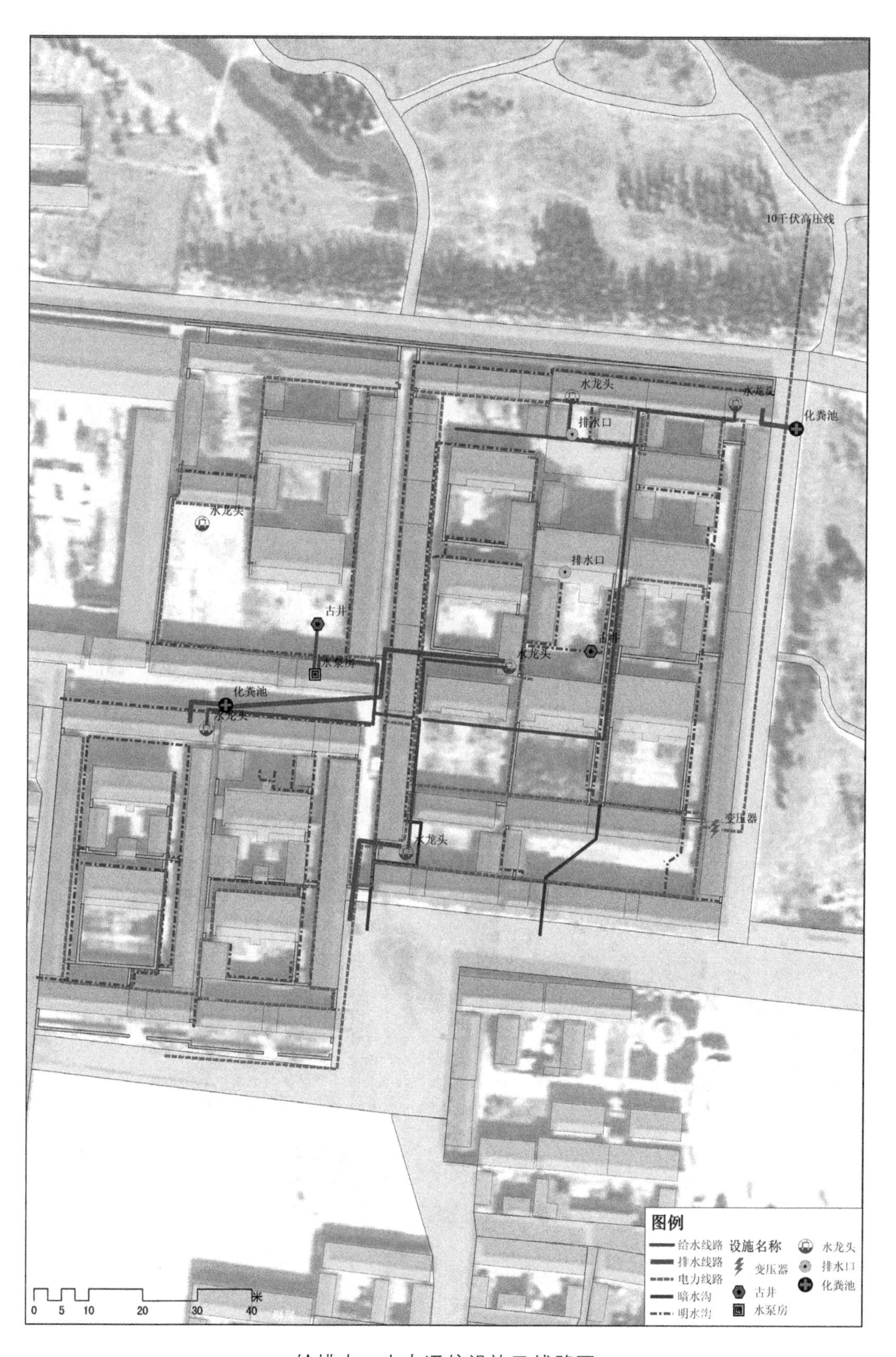

给排水、电力通信设施及线路图

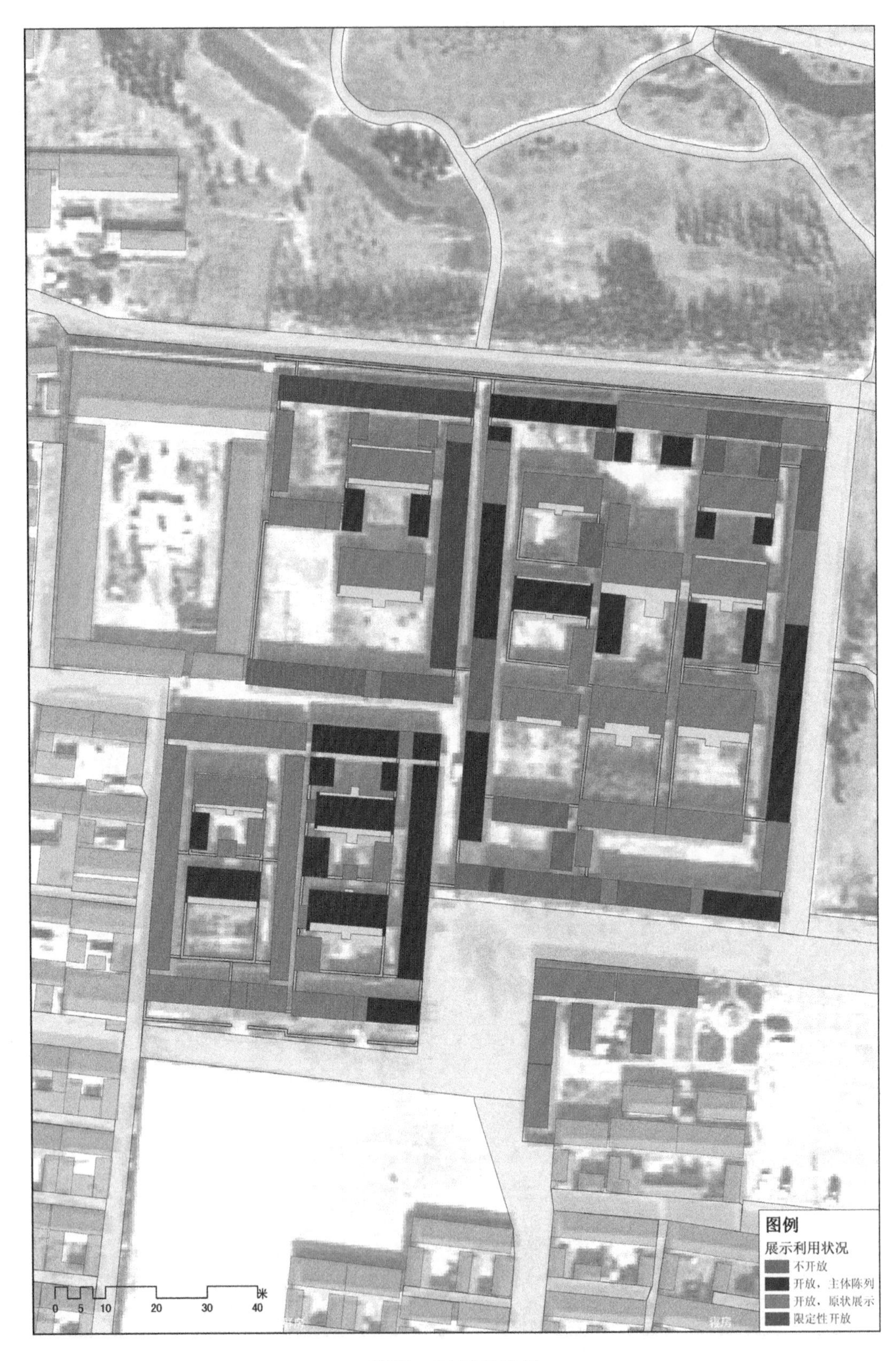

管理、利用现状图

周边用地性质分布现状图

规划篇

第一章　规划总则

第一节　编制说明

一、编制背景

牟氏庄园是第三批全国重点文物保护单位，为有效保护牟氏庄园的遗产真实性、完整性和延续性，科学、合理、适度地发挥文化遗产在地方城镇发展和现代化建设中的积极作用，特编制本规划。

二、规划性质

《牟氏庄园文物保护规划》是在遵守相关的文物保护、生态环境保护、文化旅游等基本原则基础上编制的牟氏庄园及其历史环境的文物保护专项规划。

三、指导思想

坚持“保护为主，抢救第一，合理利用，加强管理”的文物工作方针，对牟氏庄园的保护和利用进行科学合理的统筹策划，使其历史真实性和完整性得到保护和延续；正确处理文物保护与城镇建设发展的关系，促进文化遗产的可持续发展。

四、编制依据

国务院《关于加强文化遗产保护工作的通知》（2006 年 2 月）

《中华人民共和国文物保护法》（2002 年 10 月）

《中华人民共和国文物保护法实施条例》（2003 年 7 月）

《中国文物古迹保护准则》（2002 年）

《全国重点文物保护单位保护规划编制审批办法》（2004 年）

《全国重点文物保护单位规划编制要求》（2004 年）

《全国重点文物保护单位记录档案工作规范（试行）》（2003 年 11 月 24 日）

《全国重点文物保护单位保护范围、标志说明、记录档案和保管机构工作规范（试行）》（1991 年 3 月 25 日）

《古建筑木结构维护与加固技术规范》（1992 年 9 月发布，1993 年 5 月实施）

《文物保护工程管理办法》（2003 年 4 月）

《山东省文物保护管理条例》（2005 年）

《北京文件——关于东亚地区文物建筑保护与修复》（2007 年）

《中华人民共和国城乡规划法》（2008 年）

《城市规划编制办法》（2005 年）

《中华人民共和国环境保护法》（1989 年 12 月）

《中华人民共和国自然保护区条例》（1994 年）

《栖霞市城市总体规划》（2003 年—2020 年）

《栖霞市历史文化保护规划》（2008 年—2020 年）

五、规划期限

规划期限为 21 年，分三期实施：

近期 2010 年初—2015 年底（6 年）

中期 2016 年初—2020 年底（5 年）

远期 2021 年初—2030 年底（10 年）

六、规划范围

牟氏庄园保护规划是以全国重点文物保护单位牟氏庄园为核心的综合性保护规

划，包括牟氏庄园古建筑群文物本体及其周边的城镇和自然环境，规划考虑范围约 50 公顷。

第二节　基本对策

一、保护对象认定

（一）保护对象认定的原则

基于对牟氏庄园文物认定的基础上，通过对现状考察及历史沿革的分析，明确保护对象和规划内容，并依照相关法规对保护对象及其所处环境进行评估，制定相应保护、管理、利用措施。

保护对象的认定包括所有能体现文物价值的文物本体及其相关环境，保护对象必须具有历史的真实性。

（二）保护对象的认定

1. 遗产本体：牟氏庄园内现有保存完好的牟氏庄园古建筑，历史院落及格局，古树。

空间格局（包括历史院落）：牟氏庄园建筑群完整的空间格局；中轴线建筑序列，东西两侧跨院。牟氏庄园内的历史院落和古建筑遗存之间的空间关系。

文物建筑（包括清代建筑和民国建筑）：牟氏庄园的六组宅院分别为日新堂、东忠来、西忠来、南忠来、阜有堂、宝善堂和日新堂粉坊。

附属文物：若干石质构件、湘绣寿帐、古树等。

2. 遗产环境：与牟氏庄园价值相关的地理环境和历史环境。

二、规划原则

基本原则：“保护为主、抢救第一；合理利用、加强管理”文物工作十六字方针。

不改变文物原状，保障文物安全，保存文物及其环境的真实性、完整性、延续性。

在强调保护文物本体同时，强调历史环境保护的重要性，使文物保护、旅游发展、生态环境保护和城市建设协调发展。

三、规划目标

在规划期限内，真实、全面地保存并延续牟氏庄园的历史信息及全部价值，推动牟氏庄园建筑、历史、民俗文化等方面学术研究、传播和发展，使文物保护单位的保护和管理能力达到国际标准，强化牟氏庄园在地方社会发展中的重要地位，充分发挥文化遗产造福当代、惠泽后世的社会文化价值。

（一）保护区划目标

完善保护规划的区划要求，细化全国重点文物保护单位牟氏庄园的保护区域，细化各区域的保护管理要求，提高整体保护的可操作性和执行力度。

（二）保护措施目标

在规划期限内，真实、全面地保存并延续牟氏庄园的历史信息及全部价值，实现牟氏庄园现有文物遗存得到全面和完整保护，实现牟氏庄园的环境风貌和古镇都村建设和谐发展。

本体保护：进一步抢救性保护现有各文物建筑，恢复牟氏庄园的历史完整性，收集并保护相关附属文物。

环境保护：保护牟氏庄园旧址的环境风貌特征，保护重要的历史景观要素，控制建设，保护环境质量。

日常维护：规范与完善现有的管理机构，健全管理体制，构建适宜的日常管理体系。

（三）利用规划目标

在规划期限内，建成以牟氏庄园为核心的栖霞市重要的文化景点。

利用强度：探索利用开发的模式，合理规划建设，控制利用强度，谋求有效保护与合理利用的最佳途径。

展陈体系：加强区域联系和协作，充分展示牟氏庄园完整的价值和历史信息，协调展示开发与其他社会功能的关系。

游客管理：确立游客对象的类型，整体提升管理水平与服务质量，协调游客与文物保护的关系。

宣传教育：广泛动员全社会对文物保护的关心和支持，加强相关历史文化的宣传教育。

（四）管理规划目标

在规划期限内，使文物保护单位的保护和管理水平更符合国家管理要求，与时俱进，争取达到国内先进水平。

运行管理：加强文物管理各个环节运行的规范化，引入高新技术手段，提高牟氏庄园保护管理的科技含量。

日常管理与监测：在规划期限内，加强监测系统运行管理，增强协调能力。

工程管理：加强工程管理，提高保护水平。

组织管理：建立规范化的管理制度，完善文物保护的机构建设和职能配置，加强遗产保护和研究管理。

职工队伍：提高职工综合素质和业务技能，加强培训和学习，改善保护和管理能力。

基础设施：调整和完善牟氏庄园的基础设施建设，为保护和管理工作提供必要的支撑。

四、规划策略

（一）对于遗产本体

尽可能减少对遗存本体的干预，确保遗产的真实性、安全性、完整性；

提高保护措施的科学性。

加强日常保养和检测，预防灾害侵袭。

坚持科学、适度、持续、合理的利用，充分展示遗产的价值和历史信息。

提倡公众参与，注重普及教育，鼓励文物保护的科学研究。

（二）对于遗产环境

注重保持牟氏庄园与周边城市功能区的协调关系，确保空间格局的稳定性和相对完整性。

协调与古镇都村之间的关系，防止不当利用，注重风貌协调，层级控制，避免建设性破坏等现象。

提升牟氏庄园在栖霞市和山东省社会文化生活中的地位，强调发挥其社会文化价值。

强调历史环境整体保护，注重牟氏庄园与栖霞市其他文化资源的整体保护和开发相结合。

第二章　保护区划

第一节　保护区划策划

一、策划目标

进一步完善保护区划，细化区划分级，提高保护区划的可实施性。

二、划分依据

《文物保护法实施条例》第九条规定。

《文物保护法实施条例》第十三条规定。

《文物全国重点文物保护单位保护范围、标志说明、记录档案和保管机构工作规范（试行）》第二章第三条规定。

牟氏庄园文物本体分布状况及遗存可能分布区。

牟氏庄园文物本体的安全性和完整性，相关保护对象的安全性和完整性。

历史环境主要构成要素的分布范围及其完整性；景观环境的协调性，周边区域城市、人文环境现状。

周边城市的社会经济发展的可能性及规划实施的有效性和可操作性。

三、保护区划

本规划将牟氏庄园的保护区划划分为保护范围、建设控制地带 2 个层次。其中：保护范围划分为重点保护区和一般保护区两个层级；建设控制地带根据控制要求不同分为三类建设控制地带。

第二节　保护区划划定

一、保护范围的划定

东：东忠来东围墙边界。

南：庄园南侧道路及日新堂粉坊。

西：庄园（宝善堂、南忠来）西围墙。

北：庄园北围墙边界。

占地面积：1.7 公顷。

二、建设控制地带的划定

根据牟氏庄园环境评估的结论和需要控制的内容不同在保护范围外设立三类建设控制地带。

建设控制地带总占地面积：14.9 公顷。

（一）一类建设控制地带

牟氏庄园南侧接待、特色商业、餐饮、办公主要建成区。

东：至霞光路。

南：汶水河。

西：庄园西边界约 100 米。

北：至庄园南侧道路。

占地面积：4.73 公顷。

（二）二类建设控制地带

古镇都村建成区。

东：庄园西边界约 100 米。

南：汶水河。

西：白洋河。

北：庄园路。

占地面积：4.12 公顷。

（三）三类建设控制地带

本区分为两部分：一为牟氏庄园西侧及北侧的地块范围，即现有距离牟氏庄园建筑群最近的绿化集中分布的区域，用地呈 L 形；二为汶水河南岸 20 米。占地面积：4.53 公顷。

第一部分 东：至霞光路。

南：至庄园南侧道路。

西：至东忠来东围墙，古镇都村东边界。

北：至庄园路。

占地面积：3.33 公顷

第二部分 汶水河南岸 20 米。

东：至霞光路。

南：汶水河南岸 20 米。

西：白洋河。

北：汶水河。

占地面积：1.2 公顷。

第三节　管理要求

一、保护区划统一管理规定

本规划经批准后，保护区划与主要保护措施应纳入《山东省栖霞市总体规划》及相关规划。有关保护区划、管理规定和利用功能等强制性内容的变更必须按照《全国重点文物保护单位保护规划编制要求审批办法》的规定程序办理。

本规划划定的保护范围与建设控制地带按照《中华人民共和国文物保护法》及相关法律法规文件执行管理。

有关保护区划、管理规定强制性内容的变更必须按照《全国重点文物保护单位保护规划编制审批办法》的规定程序办理。

二、保护范围管理规定

（一）基本规定

本区范围与文物安全性紧密相关，除城市道路用地外，全部由栖霞市文物管理部门主导管理。

不得建设有可能污染文物保护单位及其环境的设施，不得进行可能影响文物保护单位安全及其环境的活动；对已构成破坏和影响文物安全性的因素必须采取保护措施，破坏性设施应当限期治理。

（二）分类规定

本区域为当今牟氏庄园最重要也是保存最完整区域，是全国重点文物保护单位牟氏庄园的核心价值所在。

与文物本体安全性相关的土地应全部由国家征购，土地使用性质调整为“文物古迹用地”。

及时保护和修缮文物建筑、院落、围墙和附属文物。不得进行任何有损文物本体的活动。

本区居民和外单位占用的范围内不得再进行任何与文物保护、利用、管理无关的建设活动。

本区内的建设工程只能与文物的保护、展示利用、管理以及园林绿化有关，一般不得进行其他建设工程或者爆破、钻探、挖掘等作业，因特殊情况需要进行其他建设工程或者爆破、钻探、挖掘等作业的，必须充分保障文物的安全性，并按规定程序报国家文物局批准。

本区内与文物保护、展示陈列、管理以及园林绿化的有关工程，应依据历史研究和考古资料进行，形式应与历史风貌相协调。必须按照《中华人民共和国文物保护法》等法律法规的相关法定程序办理报批审定手续。

本区内重要的历史环境要素古树、植被等予以保留和保护，维持原有绿化功能，严禁砍伐林木等任何污染和破坏环境的活动。

文物保护范围内各类标示物、指路牌、说明牌等，应根据展示利用要求统一规划设计。

三、建设控制地带管理规定

（一）基本规定

建设控制地带内不得建设污染文物保护单位及其环境的设施，不得进行可能影响文物保护单位及其环境安全的活动。对已有的污染文物保护单位及其环境的设施，应当限期治理。

建设控制地带内应保持原有环境风貌，不得对自然或历史形成的景观要素进行人工改造。

本区的工程设计方案应当由国家文物局同意后，报地方建设规划部门批准。

建设控制地带内内各类标示物、指路牌、说明牌等，应统一设计，不得随意在屋顶设置各类广告标牌。

（二）分类规定

1. 一类建设控制地带

一类建设控制地带为牟氏庄园南侧接待、特色商业、餐饮、办公主要建成区，以保护牟氏庄园周边历史环境为目标；对于地带内历史建筑及旅游设施应予以保护，建筑的维修及改造必须与牟氏庄园历史风貌相协调；经批准的改建、整修建筑物，应使用与牟氏庄园相协调的建筑形式，建筑密度不大于30%，层数不得超过2层，屋脊高度不得超过9米。

在区域内进行建设工程，不得破坏文物保护单位的历史风貌，不得进行任何有损文物景观效果与环境和谐性的行为，工程设计方案应按照法定程序申报国家文物局及其他相关部门审批。

区域内不得建设有污染的生产性建设项目，不得进行可能影响文物保护单位安全及其环境的活动。对已有的污染文物保护项目及其环境的设施，必须予以拆除。

区内土地不得用作工业用途，严禁建设大型旅游（商业）设施。

在该区域进行基本建设，建设单位应当事先报请上级文物部门，组织从事考古发掘的单位在工程范围内有可能埋藏文物的地方进行考古调查、勘探。考古调查、勘探中发现的文物，由上级文物部门根据文物保护的要求会同建设单位共同商定发掘计划及保护措施。

一类建设控制地带内内各类标示物、指路牌、说明牌等，应统一设计，商业建筑不得使用大幅广告、霓虹灯及灯箱。

该地带的基础工程选址应当尽可能避开不可移动文物；因特殊情况不能避开的，对文物保护单位应当尽可能实施原址保护；任何工程不得造成新的破坏与干扰；工程外观形象要与牟氏庄园建筑景观和谐。

2. 二类建设控制地带

二类建设控制地带为古镇都村建成区，以为游客提供良好的旅游休闲设施为目标；区域内现有的建筑在进行整治及装修时必须与周边历史风貌相协调，存在风貌危害的建筑物及构筑物应予以拆除、整治。

对于地带内历史建筑及传统民居应予以保护，建筑的维修及改造必须与牟氏庄园历史风貌相协调；经批准改建、整修的建筑物，应使用有地区传统建筑特色的建筑形式，建筑密度不大于30%，层数不得超过3层，屋脊高度不得超过12米。

在区域内进行建设工程，不得破坏文物保护单位历史风貌，不得进行任何有损文物景观效果与环境和谐性的行为，工程设计方案应按照法定程序申报山东省文物局及其他相关部门审批。

区域内不得建设有污染的生产性建设项目，不得进行可能影响文物保护单位安全及其环境的活动。对已有的污染文物保护单位及其环境的设施，必须予以拆除。

区内土地不得用作工业用途，严禁建设大型旅游（商业）设施。

在该区域进行基本建设，建设单位应当事先报请上级文物部门，组织从事考古发掘的单位在工程范围内有可能埋藏文物的地方进行考古调查，勘探。考古调查、勘探中发现的文物，由上级文物部门根据文物保护的要求会同建设单位共同商定发掘计划及保护措施。

建设控制地带内各类标示物、指路牌、说明牌等，应统一设计，商业建筑不得使用大幅广告、霓虹灯及灯箱；该地带的基础工程选址应当尽可能避开不可移动文物：因特殊情况不能避开的，对文物保护单位应当尽可能实施原址保护。任何工程不得造成新的破坏与干扰；工程外观形象要与牟氏庄园整体景观和谐。

3. 三类建设控制地带

本区一部分为牟氏庄园西侧及北侧的地块范围，即现有距离牟氏庄园建筑群最近的绿化集中分布的区域。另一部分为汶水河南岸20米以内范围。

三类建设控制地带主要考虑文物安全保护、历史环境保护及绿化保持，区域内不再进行除本规划规定以外的新建设项目。

拆除本地带内与牟氏庄园不协调的民居、构筑物等建筑，保留绿化空地作为城市开放空间。

三类建设控制地带内内各类标示物、指路牌、说明牌等，应统一设计。

三类建设控制地带内如进行必需的市政建设工程，不得破坏文物保护单位的历史风貌，不得进行任何有损文物景观效果与环境和谐的行为，工程设计方案应按照法定程序申报山东省文物局及其他相关部门审批。

四、保护区划的公布与界定

经本规划确定后的边界经国家文物局审核同意后，应尽快依照法定程序由山东省政府公布。

保护范围边界应落实界标、围栏和标志牌，以示公众。

说明牌应按照《全国重点文物保护单位保护范围、标志说明、纪录档案和保管机构工作规范（试行）》第三章要求执行。

第三章　保护措施

第一节　制定和实施原则

不改变文物原状原则。在文物现状破坏问题尚未影响到文物本体的安全性的前提下，尽量保持文物现状及其所附带的历史信息。加强对文物本体及环境状况的监测。任何修缮工程之前都应进行详细的分析及评估。依据文物保护单位的现状、环境和文物价值制定相应的保护措施。

必须执行原址保护。只有在发生不可抗拒的自然灾害，或重大国家工程的需要，使迁移保护成为唯一有效的手段时，才可以原状迁移，易地保护。

尽可能减少干预。凡是近期没有重大危险的部分，除日常保养以外不应进行更多的干预。必须干预时，附加的手段只用在最必要部分，并减少到最低限度。采用的保护措施，应以延续现状，缓解损伤为主要目标。

保护现存文物原状与历史信息。修复应当以现存的有价值的实物为主要依据，并必须保存重要事件和重要人物遗留的痕迹。一切技术措施应当不妨碍再次对原物进行保护处理；经过处理的部分要和原物或前一次处理的部分既相协调，又可识别。所有修复的部分都应有详细的记录档案和永久的年代标志。

制定文物保护单位的具体保护措施，尤其是对重要文物的重点保护措施应采取审慎的态度。在保护措施和技术不够成熟的情况下，首先考虑保护措施具有可逆性。

正确把握审美标准。文物古迹的审美价值主要表现为它的历史真实性，不允许为了追求完整、华丽而改变文物原状。

上述所有保护措施的运用必须建立在对各文物建筑、附属文物所存在的具体问题的实际调研和科学分析的基础上，技术方案必须经主管部门组织有关学科专家和保护工程专家参加论证后方可实施。

列入保护规划的保护工程，必须委托具有相关资质的专业机构进行专项设计，设计方案必须符合各类工程的行业规范，依法律程序经过主管部门审批后方才可实施。

第二节 文物保护措施

一、文物建筑保护措施

牟氏庄园文物建筑的保护措施，根据《文物保护工程管理办法》、《古建筑木结构维护与加固技术规范》、《中国文物古迹保护准则》及《关于〈中国文物古迹保护准则〉若干重要问题的阐述》的有关条款，根据现状评估的结论，分为四类：日常维护工程、现状整修工程、重点修缮工程、抢救修缮工程。其中部分建筑遗存已在实施复原修复的抢险工程。

保护措施说明表

类型	内容
日常维护	针对保存较好的建筑，对建筑进行日常维护，清理，定期进行保养。
现状整修	针对保存较好，无重大结构隐患，局部存在残损或人为不当添加物的建筑，整体清理，修缮局部残损，去除不当添加物。
重点修缮	针对建筑价值较高，残损较严重，存在一定的结构安全隐患的建筑。对建筑进行重点维修，修复残损，恢复原状。
抢救修缮	针对建筑残毁严重或部分坍塌，建筑存在严重结构安全问题、保护问题紧迫的建筑进行抢险加固，消除安全隐患，全面进行修复。

文物建筑修缮措施表

建筑编号	建筑名称	建造年代	结构可靠性	保护措施
RXT-B01	日新堂西南群	清代	Ⅰ类建筑	日常保养
RXT-B02	日新堂门房	清代	Ⅰ类建筑	日常保养
RXT-B03	日新堂东南群	清代	Ⅰ类建筑	日常保养
RXT-B04	东厢	清代	Ⅲ类建筑	抢险加固
RXT-B05	账房	清代	Ⅰ类建筑	日常保养
RXT-B06	牟氏租佃	清代	Ⅰ类建筑	日常保养

续 表

建筑编号	建筑名称	建造年代	结构可靠性	保护措施
RXT-B07	门房	清代	Ⅰ类建筑	日常保养
RXT-B08	祭祀厅	清代	Ⅱ类建筑	现状修整
RXT-B09	群房	清代	Ⅰ类建筑	日常保养
RXT-B10	群房	清代	Ⅰ类建筑	日常保养
RXT-B11	农具室	清代	Ⅱ类建筑	现状修整
RXT-B12	寝楼	清代	Ⅲ类建筑	抢险加固
RXT-B13	群房	清代	Ⅰ类建筑	日常保养
RXT-B14	群房	清代	Ⅱ类建筑	现状修整
RXT-B15	墨林故居	清代	Ⅰ类建筑	日常保养
RXT-B16	酒坊	清代	Ⅱ类建筑	现状修整
RXT-B17	门房	清代	Ⅲ类建筑	抢险加固
RXT-B18	群房	清代	Ⅱ类建筑	现状修整
RXT-B19	墨宝斋	清代	Ⅱ类建筑	现状修整
RXT-B20	宝艺斋	清代	Ⅱ类建筑	现状修整
RXT-B21	药铺	清代	Ⅱ类建筑	现状修整
RXT-B22	后群房	清代	Ⅱ类建筑	现状修整
RXT-FB01	日新堂粉坊	清代	Ⅱ类建筑	现状修整
RXT-FB02	日新堂粉坊	清代	Ⅱ类建筑	现状修整
RXT-FB03	日新堂粉坊	清代	Ⅱ类建筑	现状修整
RXT-FB04	日新堂粉坊	清代	Ⅱ类建筑	现状修整
RXT-FB05	日新堂粉坊	清代	Ⅱ类建筑	现状修整
RXT-FB06	日新堂粉坊	清代	Ⅱ类建筑	现状修整
RXT-FB07	后加建房	2000年—至今	Ⅱ类建筑	现状修整
XZL-B01	西忠来西南群	清代	Ⅰ类建筑	日常保养
XZL-B02	西忠来门房	清代	Ⅰ类建筑	日常保养
XZL-B03	西忠来东南群	清代	Ⅰ类建筑	日常保养
XZL-B04	西厢	清代	Ⅱ类建筑	现状修整
XZL-B05	序馆一	清代	Ⅱ类建筑	现状修整

续 表

建筑编号	建筑名称	建造年代	结构可靠性	保护措施
XZL-B06	门房	清代	Ⅰ类建筑	日常保养
XZL-B07	体恕厅	清代	Ⅱ类建筑	现状修整
XZL-B08	群房	清代	Ⅱ类建筑	现状修整
XZL-B09	小姐楼	清代	Ⅱ类建筑	现状修整
XZL-B10	佛堂	清代	Ⅲ类建筑	抢险加固
XZL-B11	少爷楼	清代	不详	重点修复
XZL-B12	群房	清代	Ⅲ类建筑	抢险加固
XZL-B13	剪纸楼	清代	Ⅲ类建筑	抢险加固
XZL-B14	戏楼	2000 年 ~ 至今	Ⅰ类建筑	日常保养
DZL-B01	东忠来门房	民国	Ⅰ类建筑	日常保养
DZL-B02	东忠来南群房	民国	Ⅰ类建筑	日常保养
DZL-B03	账房	民国	Ⅱ类建筑	现状修整
DZL-B04	序馆二	民国	Ⅲ类建筑	抢险加固
DZL-B05	粮仓	民国	Ⅰ类建筑	日常保养
DZL-B06	东忠来客厅	民国	Ⅲ类建筑	抢险加固
DZL-B07	无	民国	Ⅲ类建筑	抢险加固
DZL-B08	寝室	民国	Ⅲ类建筑	抢险加固
DZL-B09	小伙房	民国	Ⅲ类建筑	抢险加固
DZL-B10	寝楼	民国	Ⅱ类建筑	现状修整
DZL-B11	无	民国	Ⅱ类建筑	现状修整
DZL-B12	群房	民国	Ⅱ类建筑	现状修整
DZL-B13	群房	民国	Ⅱ类建筑	现状修整
DZL-B14	无	民国	Ⅱ类建筑	现状修整
DZL-B15	寝楼	民国	Ⅲ类建筑	抢险加固
DZL-B16	东厢	民国	Ⅲ类建筑	抢险加固
DZL-B17	西厢	民国	Ⅱ类建筑	现状修整
DZL-B18	群房	民国	Ⅰ类建筑	日常保养
DZL-B19	墨林馆	民国	Ⅱ类建筑	现状修整

续 表

建筑编号	建筑名称	建造年代	结构可靠性	保护措施
BST-B01	陈列科	清代	Ⅰ类建筑	日常保养
BST-B02	门房	清代	Ⅱ类建筑	现状修整
BST-B03	文物科	清代	Ⅱ类建筑	现状修整
BST-B04	东群房	清代	Ⅱ类建筑	现状修整
BST-B05	寿堂	清代	Ⅱ类建筑	现状修整
BST-B06	无名楼	清代	Ⅳ类建筑	重点修复
BST-B07	无名楼	清代	Ⅳ类建筑	重点修复
BST-B08	喜堂西厢房	清代	Ⅱ类建筑	现状修整
BST-B09	喜堂东厢房	清代	Ⅱ类建筑	现状修整
BST-B10	西群房	清代	Ⅳ类建筑	重点修复
BST-B11	喜堂	清代	Ⅰ类建筑	日常保养
BST-B12	后进院西厢房	清代	Ⅲ类建筑	抢险加固
BST-B13	后进院东厢房	清代	不详	重点修复
BST-B14	东群房	清代	Ⅱ类建筑	现状修整
BST-B15	北群房	清代	Ⅳ类建筑	重点修复
NZL-B01	无	清代	Ⅲ类建筑	抢险加固
NZL-B02	南忠来门房	清代	Ⅰ类建筑	日常保养
NZL-B03	无	清代	Ⅱ类建筑	现状修整
NZL-B04	历史博物馆	清代	Ⅱ类建筑	现状修整
NZL-B05	客厅	清代	Ⅲ类建筑	抢险加固
NZL-B06	无	清代	Ⅲ类建筑	抢险加固
NZL-B07	门房	清代	Ⅱ类建筑	现状修整
NZL-B08	无	清代	Ⅰ类建筑	日常保养
NZL-B09	太房	清代	Ⅱ类建筑	现状修整
NZL-B10	无	清代	Ⅲ类建筑	抢险加固
NZL-B11	无	清代	Ⅱ类建筑	现状修整
FY-B01	郝懿行宫	民国	Ⅰ类建筑	日常保养
FY-B02	阜有门房	民国	Ⅱ类建筑	现状修整

续 表

建筑编号	建筑名称	建造年代	结构可靠性	保护措施
FY-B03	阜有南群房	民国	Ⅰ类建筑	日常保养
FY-B04	无	民国	Ⅱ类建筑	现状修整
FY-B05	历史文物馆	民国	Ⅱ类建筑	现状修整
FY-B06	客厅	民国	Ⅰ类建筑	日常保养
FY-B07	无	民国	Ⅱ类建筑	现状修整
FY-B08	无	民国	Ⅰ类建筑	日常保养
FY-B09	门房	民国	Ⅰ类建筑	日常保养
FY-B10	无	民国	Ⅰ类建筑	日常保养
FY-B11	寝楼	民国	Ⅰ类建筑	日常保养
FY-B12	无	民国	Ⅰ类建筑	日常保养
FY-B13	无	民国	Ⅱ类建筑	现状修整
FY-B14	无	民国	Ⅱ类建筑	现状修整
FY-B15	无	民国	Ⅱ类建筑	现状修整
FY-B16	北群房	民国	Ⅰ类建筑	日常保养
FY-B17	无	民国	Ⅰ类建筑	日常保养

二、文物院落保护措施

牟氏庄园文物院落的保护措施，参照文物建筑修缮的类型，根据牟氏庄园院落现状评估情况，分为三类措施。

列出措施说明表如下。

文物院落保护措施分类表

类型	内容
日常保养工程	系指院落地面保存完好，进行地面日常性，季节性的维护和养护。
现状整修工程	针对院落保存较好，地面铺装局部残损。主要工作是清理归安台阶，清除地面杂草，更换风化严重的构件，去除后期人为不当改造，恢复完整的传统格局。
整治改造工程	针对院落残破严重，地面铺装大部分损毁。主要工作是清除地面堆放杂物，清除地面杂草，根据历史遗迹和遗存调查，全面修缮院落，恢复原有格局。

根据现状评估结论，列出牟氏庄园各文物院落的改造措施表如下。

文物院落改造措施表

院落编号	铺装残损	综合评价	院落改造措施	院落编号	铺装残损	综合评价	院落改造措施
RXT-Y01	轻微	B	日常保养	BST-Y01	一般	C	现状整修
RXT-Y02	轻微	B	日常保养	BST-Y02	严重	D	整治改造
RXT-Y03	轻微	B	日常保养	BST-Y03	严重	D	整治改造
RXT-Y04	一般	C	现状整修	BST-Y04	严重	D	整治改造
RXT-Y05	一般	D	现状整修	BST-Y05	严重	D	整治改造
RXT-Y06	轻微	B	日常保养	BST-Y06	严重	D	整治改造
RXT-Y07	一般	C	现状整修	BST-Y07	严重	D	整治改造
RXT-Y08	严重	D	整治改造	BST-Y08	严重	D	整治改造
XZL-Y01	轻微	B	日常保养	NZL-Y00	严重	D	整治改造
XZL-Y02	严重	D	整治改造	NZL-Y01	一般	C	现状整修
XZL-Y03	一般	C	现状整修	NZL-Y02	一般	C	现状整修
XZL-Y04	一般	C	现状整修	NZL-Y03	一般	C	现状整修
XZL-Y05	一般	C	现状整修	NZL-Y04	一般	C	现状整修
XZL-Y06	严重	D	整治改造	NZL-Y05	一般	C	现状整修
DZL-Y01	严重	D	整治改造	NZL-Y06	严重	D	整治改造
DZL-Y02	一般	C	现状整修	NZL-Y07	严重	D	整治改造
DZL-Y03	一般	C	现状整修	NZL-Y08	严重	D	整治改造
DZL-Y04	一般	C	现状整修	FY-Y01	一般	C	现状整修
DZL-Y05	严重	D	整治改造	FY-Y02	严重	D	整治改造
DZL-Y06	严重	D	整治改造	FY-Y03	一般	C	现状整修
				FY-Y04	一般	C	现状整修
				FY-Y05	一般	C	现状整修
				FY-Y06	一般	C	现状整修
				FY-Y07	一般	C	现状整修

三、围墙保护措施

牟氏庄园围墙修缮根据现状评估的情况，分为现状整修、重点修缮、风貌复原三种类型。

围墙保护措施的说明表

类型	内容
风貌复原	系指牟氏庄园已坍塌消失的围墙段，按照原有围墙石材、施工及做法恢复历史风貌，保证牟氏庄园围墙的整体统一。
现状修整	系指针对围墙保持完整，局部存在残损，但不影响结构安全的围墙段，主要工作是对残损墙体进行的局部修补和构件替换。
重点修缮	针对牟氏庄园大部分现状围墙，普遍存在的墙基石材风化，墙体酥碱歪斜、檐部残破等病害，进行系统的修补，拆砌，添配砖体，按照传统做法及形制进行重点修缮。

牟氏庄园围墙分段保护措施表

围墙编号	残损等级	围墙保护措施	围墙编号	残损等级	围墙保护措施
RXT-w01	一般	日常保养	FY-w01	一般	现状修整
RXT-w02	一般	日常保养	FY-w02	一般	现状修整
RXT-w03	基本完好	日常保养	FY-w03	一般	现状修整
RXT-w04	轻微	日常保养	FY-w04	一般	现状修整
RXT-w05	一般	现状修整	FY-w05	一般	现状修整
RXT-w06	一般	现状修整	FY-w06	一般	抢险加固
RXT-w07	基本完好	日常保养	FY-w07	严重	抢险加固
RXT-w08	一般	现状修整	FY-w08	一般	现状修整
RXT-w09	轻微	日常保养	FY-w09	一般	现状修整
RXT-w10	一般	现状修整	FY-w10	轻微	日常保养
RXT-w11	一般	现状修整	FY-w11	一般	现状修整
RXT-w12	一般	现状修整	FY-w12	一般	现状修整
XZL-w01	一般	现状修整	FY-w13	一般	现状修整
XZL-w02	一般	现状修整	FY-w14	一般	现状修整
XZL-w03	轻微	日常保养	FY-w15	一般	现状修整

续　表

围墙编号	残损等级	围墙保护措施	围墙编号	残损等级	围墙保护措施
XZL-w04	轻微	日常保养	FY-w16	一般	现状修整
XZL-w05	一般	现状修整	FY-w17	一般	现状修整
XZL-w06	一般	现状修整	FY-w18	一般	现状修整
DZL-w01	一般	现状修整	FY-w19	轻微	日常保养
DZL-w02	一般	现状修整	NZL-w01	一般	现状修整
DZL-w03	一般	现状修整	NZL-w02	一般	现状修整
DZL-w04	一般	现状修整	NZL-w03	一般	抢险加固
DZL-w05	一般	现状修整	NZL-w04	严重	抢险加固
DZL-w06	一般	现状修整	NZL-w05	轻微	日常保养
DZL-w07	基本完好	日常保养	NZL-w06	基本完好	日常保养
DZL-w08	轻微	日常保养	NZL-w07	一般	现状修整
DZL-w09	轻微	日常保养	NZL-w08	轻微	日常保养
DZL-w10	基本完好	日常保养	NZL-w09	基本完好	日常保养
DZL-w11	基本完好	日常保养	NZL-w10	轻微	日常保养
DZL-w12	一般	现状修整	NZL-w11	一般	现状修整
DZL-w13	一般	现状修整	NZL-w12	一般	现状修整
DZL-w14	一般	现状修整	NZL-w13	一般	现状修整
DZL-w15	一般	现状修整	NZL-w14	一般	现状修整
DZL-w16	一般	现状修整	NZL-w15	严重	抢险加固
DZL-w17	一般	现状修整			
DZL-w18	一般	抢险加固			
BST-w01	严重	抢险加固			
BST-w02	轻微	日常保养			
BST-w03	一般	抢险加固			
BST-w04	严重	现状修整			
BST-w05	严重	重点修复			
BST-w06	一般	现状修整			
BST-w07	一般	重点修复			

续 表

围墙编号	残损等级	围墙保护措施	围墙编号	残损等级	围墙保护措施
BST-w08	严重	重点修复			
BST-w09	严重	重点修复			
BST-w10	一般	现状修整			
BST-w11	一般	现状修整			
BST-w12	一般	现状修整			

四、附属文物保护措施

对牟氏庄园内所有附属文物实施日常保养工程，并同时做好病害的监测工作及文字、影像资料的档案记录工作。

所有重要附属文物均需设置明显的标志和说明，禁止游客直接触摸、踩踏或过分靠近文物。

对石鼓、虎皮墙、石毯分别进行砖石材料保护，同时加强看护措施，避免游客对文物的直接接触。

对古树采取日常保养措施和病虫害监测，并建议进行无污染防治病虫害等技术研究，监督防止对古树造成损伤。

对湘绣寿帐采取清洁除尘的日常保养措施。

采取必要防护措施，改善收藏条件，设置监测设备，设置防火、防盗、防自然破坏的相应设施。

建立严格的管理制度，安排人员管理，所需经费考虑纳入文保财政预算。

第三节　环境整治措施

一、用地性质调整建议

（一）土地利用调整原则

本规划对文物保护单位牟氏庄园保护范围涉及的相关土地使用，提出各类用地性质的规划建议。

凡保护范围内的土地使用必须按照保护规划要求严格控制，不得随意改变保护规划所规定的用地类别。若需变更，必须按照规划变更的审批要求办理相应的手续。凡规划征用为保护区用地的土地，应收归国有，并附准确的地形图。

（二）用地性质控制

明确强调牟氏庄园及其所在环境作为文物保护单位的特殊属性，在整个区域内以牟氏庄园建筑遗存及周边遗存区为主体，适当发展为旅游服务的展览、餐饮、宾馆和商业设施，严格限制大规模城市开发建设。

各类建设控制地带的相关要求应按照本规划保护区划的管理要求严格执行。

将牟氏庄园周边地块依据本规划保护区划和控制地带的要求，分为 01 ~ 09，9 个地块和周围道路用地，给出相应的规划性质建议，明确规划建设的相关要求。

用地性质规划建议表

地块编号	文物古迹	居民住宅	商业用地	文化娱乐	金融保险	旅馆业	商业金融	公共服务设施	广场或停车场	公共工程
01	●		●					●	●	●
02										●
03		●	●	●		●			●	●
04		●	●	●				●		
05										●
06、07、08、09		●	●	●		●				
道路										●
水系										●

二、周边建筑风貌改造建议

（一）周边建筑改造总体要求

牟氏庄园周边建筑应与牟氏庄园文化遗产地整体风貌相协调。

按文物保护法的相关要求，牟氏庄园周边不得建设污染文物保护单位及其环境的设施和工矿企业。

周边建筑的功能应符合规划用地的性质要求。

周边建筑的风貌改造应符合本规划中保护区划和建设控制地带的相关要求。

（二）周边建筑改造措施

根据保护区划的管理要求，将周边建筑的改造措施分为现状维护、风貌改造、拆除搬迁三类。

1. 现状维护

指规划范围以内，对象为建筑高度对景观无影响或影响较小，立面材料、色彩与环境协调，建筑质量较好的建筑；建筑功能与文物保护无冲突，并适用于规划用地性质的建筑。

主要针对与牟氏庄园整体风貌协调的古建筑，包括牟氏庄园周围保留传统风貌较好的建筑以及其他区域内符合区划管理要求的传统建筑。

对此类建筑，以修缮加固为主，结合具体规划使用要求进行功能、形式的调整，控制建筑规模、主体色彩与质感需要与牟氏庄园整体相协调，屋顶采用坡屋顶灰色瓦样式。

主要改造对象：主要是建筑风貌评估中评估结果是风貌代表性建筑、与环境协调的建筑（见规划图纸部分）。

2. 风貌改造（包括立面改造和功能改造）

（1）立面改造（对象为建筑立面材料、色彩与环境不协调的建筑）

去除外立面上与传统风貌不协调的构件及装饰，包括铝合金门窗、大面积饰面砖、大幅商业广告及灯箱等。

外立面粉刷颜色应与周边环境协调，建议涂刷灰色的颜色。

进行顶部改造，将平顶改建为两坡顶。

降低建筑层数，通过视线分析把建筑高度过高，对牟氏庄园景观视线影响较大的建筑高度降低。

主要改造对象：实施此类改造措施的主要是建筑风貌评估中评估结果是不协调和极不协调的建筑；一般建筑是牟氏庄园西侧的民居建筑。

（2）功能改造（对象为现状功能不符合保护要求的建筑）

改变现状使用功能，使之与保护管理工作相协调。

对内部设施与外部立面进行改造，符合管理需求及与景观环境协调。

主要改造对象：实施此类改造措施的一般建筑是牟氏庄园周围商业和经营性建筑。

3. 拆除搬迁

主要针对风貌评估结果为不协调和极不协调，改造难度较大，或规划后需要调整用地性质的建筑，建议拆除搬迁。

主要改造对象：包括位于一类建设控制地带内的大部分建筑，和三类建设控制地带内的古镇都村的不协调或极不协调建筑（见规划图纸部分）。

周边建筑的改造再利用，应在保证文物建筑历史环境延续性的前提下进行，尽量维持原有建筑的位置、规模，主体结构和主要建筑材料应符合传统风貌的要求，不得有过分醒目张扬的添加构件和设施。

保护范围及建设控制地带内一般建筑改造措施对应建筑面积统计表

	现状维护	立面改造	拆除	小计
建筑数量（个）	126	477	80	683
建筑面积（平方米）	7900	18000	4100	30000
面积比（%）	26.3	60	13.7	100

三、建筑改造措施重点实施对象

拆除牟氏庄园保护区内部不协调的临时搭建建筑戏台，恢复戏台处原有的院落格局。

拆除、搬迁牟氏庄园北侧绿化带与庄园之间的民居建筑，空地作为绿化景观用地。

拆除、搬迁牟氏庄园西侧古镇都村落中的不协调和极不协调建筑；拆除、搬迁不协调建筑后所空出的用地作为文物展示、文物储存、办公管理建筑所使用；空地也可作为文化休闲场地及举办重大活动场地和旅游参观专用停车场。

确保文物保护范围与建设控制地带的建筑密度及建筑高度达到规划标准要求。

四、景观保护措施

在临近牟氏庄园的区域规划上应考虑在用地性质、建筑功能、色彩和高度等方面与旧址传统风貌相协调。

院落内的环境整治采用青砖铺墁、自然植物和砂石素土等自然材料。绿化宜保持牟氏庄园作为地主庄园的风格。

周围环境内限制建设，按规划要求控制建筑密度，保证绿化覆盖率。

对周边环境进行清理，加强管理，禁止倾倒生活垃圾。

在建设控制地带内进行的建筑物、构筑物、绿化、道路、小品等景观设计，其形象必须符合牟氏庄园的遗产价值，满足遗产环境的历史性、场所性、完整性的前提下，进行功能和造型设计。

第四节　道路系统整治与改造建议

一、规划要求

基本遵循《栖霞市城市总体规划》中道路系统规划编制。

对于保护范围、建控地带以及风貌协调区内的道路系统改造注重利于牟氏庄园保护与长远发展，与栖霞市的城市发展相协调。

严格控制道路红线，控制相关区域内道路机动车流量。

修整区域的铺装要与环境相协调。

严格控制牟氏庄园周边沿街建筑，保证街道整体风貌的协调。

二、道路整治与改造建议

目前牟氏庄园周围的城市车行道路网络已基本成形，且道路通行能力、景观效果均较好，外部道路不进行改造。

核心区有两个主要的出入口，内部为两横五纵的道路格局，核心区面积较小，在核心景区内部不宜增辟新的车行道，避免破坏环境，尽量改造利用原有道路系统。

古镇都村改造后在核心区的西侧增加进入核心区的主入口、停车场；贯通原有道路体系，拆除阻断通路的围墙；平整道路路面和局部拓宽道路宽度。

在改造牟氏庄园周边交通系统的同时，建议在考虑牟氏庄园的保护与发展的基础上，在其周边区域统一规划旅游专用停车场，同时配备相应的服务设施。

交通改造措施需要在城市的总体规划的交通规划部分中做出相应的调整。

整治后牟氏庄园周围现状道路应形成消防环路，来满足消防通道的要求，同时应加强管理力度，严禁堵塞、挤占道路等行为的发生，做好日常养护工作，保证遇火灾等紧急情况发生时消防等相关车辆的顺利通行。

第五节　基础设施规划

一、基础设施治理措施基本要求

遵循《栖霞市总体规划》中相关规划及要求。

主要针对保护区划范围内，文物保护单位基础设施与市政管线的衔接。

文物建筑与历史建筑内部及周边的基础设施改造应遵循不破坏文物、不损坏历史信息、尽可能不破坏所在历史环境的原则；对于已建设的基础设施，应根据建筑改造措施采取调整建筑位置、改善建筑外观的措施。

二、电力、电信系统

保护区域和控制地带电源、配电室、电力线路走向等依本规划要求布置。

建议保护范围及建设控制地带内道路电力线路均采用埋地电缆。整治并杜绝区内电线乱搭乱接。

单体建筑现状电力线路均按规范调整，线路入地铺设或于内檐下等隐蔽处规整铺设。

公共照明灯具设计建议与文物保护单位风貌相契合，赋予一定文化内涵的造型风格，并且尽量选用节能环保的灯具。

三、给排水系统

保护区域和控制地带给水、排水走向等依本规划要求布置。

统一调配水量满足文物建筑消防及日常工作需求。

统一规划设计保护区划范围内排水系统，疏浚现有排水通道，尽量做到雨污分流。

在敷设给水、排水管道时，必须十分注意文物建筑和景观要求，水管应在不影响文物建筑和景观的隐蔽处敷设。

四、消防系统

完善文物建筑本体的消防系统建设；清理文物本体周边建筑，保证文物建筑与周边一般建筑之间的间距不得小于10米，确保主要文物建筑物的安全。

完善道路建设，加强管理保证消防通道通畅。在满足消防要求的前提下，应尽可能使文物周边地区管线地埋暗敷，保障管线铺设与古建筑风貌相协调。

完善文物建筑本体的消防系统建设。保护区西侧增设室外消火栓。

五、建筑防雷系统

主要文物建筑遗存应安装建筑和古树的防雷设施，纳入古建筑维修专项经费预算。

六、环卫系统

重点清理牟氏庄园保护范围与建设控制地带内生活垃圾，清理紧邻牟氏庄园西侧和北侧围墙的垃圾堆。

加强牟氏庄园的环境卫生管理，增设和改善公厕，提高公厕标准。

增加环卫专职人员数量，严禁随地乱倒垃圾杂物。

第四章　利用规划

第一节　展示利用原则、目标、策略与要求

一、展示利用原则

以文物古迹不受损伤，公众安全不受危害为前提，文物古迹的利用功能应当尽量与其价值相容。

做好文物本体展示的同时，应做好文物环境的展示，系统展示牟氏庄园的风貌特点。

坚持科学、适度、持续、合理地展示利用。展示手段、相关工程必须与文物本体、风格、内涵及其环境相协调。

坚持以社会效益为主，促进社会效益与经济效益协调发展。

注重环境优化，为观众接待和优质服务提供便利。

对外交流、学术研究和科学普及相结合。

二、展示利用目标

真实全面地展现牟氏庄园所含文物古迹的真实性、完整性、延续性；突出其历史价值、艺术价值；充分发挥其社会、经济价值。

三、展示利用策略

展示规划主要根据遗存保护的安全性、文物类型代表性、遗存保存的真实性、完

整性、延续性，以展示内容的丰富性与充实性，展示手段的多样性与科学性，以及旅游服务设施条件等综合因素进行策划。

从历史、文化、民族、艺术等方面充分展示地方资源。

在完善必要的配套服务设施、确保管理行为有效开展的基础上，保证开放时间。

基于当地情况，搜集相应的文物和历史相关遗存，作为展示内容的补充。

加强对外宣传，设置相应的标识系统。

四、展示要求

不破坏牟氏庄园原有历史格局，不破坏文物建筑与历史建筑的本体与环境保护。

不可移动文物；必须具备开放条件方可列为展示对象。

展示工程方案应按相关程序进行报批。

所有用于展示服务的建筑物、构筑物和绿化的方案设计必须在不影响文物原状、不破坏历史环境的前提下方可实施。

展示设施在外形设计上要尽可能简洁，淡化形象，缩小体量；材料选择既要与文物本体有识别性，又须与环境获得和谐，尽可能具备可逆性。

展示技术及手段在经济条件许可的前提下尽可能采取高标准。

第二节　展示利用内容、服务对象及利用方式

一、展示利用内容

文物本体：文物建筑，附属文物——石鼓、石毯、虎皮墙、湘绣寿帐、古树等；

文物历史环境：牟氏庄园人文环境，周边自然环境。

相关历史文化展览：牟氏庄园历史、地方风俗习惯、数字虚拟展览、影视展览、文物保护相关知识、胶东文化知识等。

二、展示利用服务对象

周边地、市、区内各学校学生。

山东省内游客，其中以胶东地区游客为主。

山东省外的省际游客，国际游客、旅游散客及团体。

文物及历史研究等相关专业人员。

第三节　展示利用规划

一、展示利用方式

牟氏庄园文物建筑的展示以文物建筑本体为主，辅以室内陈列展示相关说明及附属文物。

相关文物单位及历史建筑的展示以实地参观方式为主，辅以牟氏庄园内陈列展示相关历史。

总体陈列展览以原貌展示为主，辅以部分相关专题陈列。

陈列展示发展方向以牟氏庄园所承载重要相关历史信息为主。

二、牟氏庄园内部展示利用

文物建筑本体展示：包括牟氏庄园的六组宅院分别为日新堂、东忠来、西忠来、南忠来、阜有堂、宝善堂和日新堂粉坊。不改变建筑本体及附属文物的原状，真实展示自身历史形象。

陈列展示 1：中进院落中轴线建筑物以原貌陈列为主，以建筑物历史功能为依据，辅之以牟氏庄园重要历史人物、历史事件。

陈列展示 2：建筑群房、配房以专题陈列为主，陈列专题主要围绕牟氏庄园生产、生活制度展示空间，如农耕器具展、农业生产展、祭祀展，婚嫁展等。

允许为了公共开放与合理利用增设相关设施，但应限制最小范围内，不允许损伤原有结构和构件，所采取的工程应该经过专门机构设计，必须具有可逆性，必要时应能全部回复至原有状态。

可针对牟氏庄园的环境外围做适当的景观设计，增设适量公共文体设施，引导周边居民来此游憩，激活牟氏庄园的社会功能。

第四节　展示利用线路规划

一、牟氏庄园参观线路

（一）牟氏庄园参观路线

场地入口→停车场→庄园建筑群→庄园西侧展示空间（远期）→庄园戏台→庄园南侧展示空间→停车场、出口。

牟氏庄园建筑群入口（西忠来入口）→西忠来→东忠来→日新堂→宝善堂→阜有堂→南忠来→庄园学堂→出口；主题：牟氏庄园建筑制度、牟氏庄园历史文化、胶东民俗文化等方面的实物和历史资料展。

西、南侧建筑群用房：有关牟氏庄园传统手工艺、传统餐饮、传统表演艺术、艺术品展示。

（二）区域旅游景点组合方式

栖霞新城区—牟氏庄园—太虚宫—翠屏公园

栖霞新城区—牟氏庄园—艾山—艾山汤

（三）外部旅游结构层次设计

栖霞—烟台—青岛

栖霞—烟台—蓬莱—威海—青岛

二、旅游规模控制估算

1. 文物建筑的开放容量以不损害文物原状、有利于文物管理为前提，容量的测算要讲究科学性、合理性，测算数据必须经实践检核修正。

2. 牟氏庄园现文物建筑的开放容量测算应综合考虑以下要求：

观赏心理标准；

文物容载标准；

生态允许标准；

功能技术标准等。

3. 文物建筑及院落的瞬时容量计算

日常游客量计算：本次规划对牟氏庄园文物保护单位限定日最高容量，年旅游环境容量需待保护单位具有较成熟开放条件后进行科学的测算。

面积容量法：

C=A.D/a；

C——日环境容量，单位为人次；

A——可游览区域面积，单位为平方米；

a——每位游客占用的合理游览空间，单位为 m^2/ 人（其中文物区按 $10m^2$/ 人，广场院落按 $30m^2$/ 人）；

D——周转率，景点平均日开放时间 / 游览景点所需时间。

游客容量计算表

开放点		计算面积（平方米）	计算指标（平方米 / 人）	一次性容量（人）	周转率（次 / 日）	日游客容量（人次 / 日）
日新堂	建筑区	1400	10	140	3	420
	院落区	1310	30	44	3	132
西忠来	建筑区	750	10	75	3	225
	院落区	1074	30	36	3	108
东忠来	建筑区	1150	10	115	3	345
	院落区	816	30	27	3	51
宝善堂	建筑区	1080	10	108	3	324
	院落区	1935	30	65	3	195
阜有堂	建筑区	820	10	82	3	246
	院落区	525	30	18	3	54
南忠来	建筑区	860	10	86	3	256
	院落区	870	30	30	3	90
合计		6060	10	826	3	2446
		6530	30			

4.根据测算牟氏庄园的最大日开放容量估算值为2478人，其中文物区单时段最高容量为826人。规划建议用卡口法对文物建筑的游客量进行控制，游客限时限量由讲解员带队参观，超过规定数量的游客可以考虑先分散到周边景观区域参观游览。

5.正月及黄金周旅游旺季可据此容量控制标准进行调整，建议延长开放时间并根据实际情况控制游客游览时间，尽可能不突破文物建筑的极限容量。

第五节　展示服务

完善现有游客服务设施，向游人提供文物相关材料、旅游纪念品、饮食及其他服务。

完善现在的游客信息服务中心，通过文字、影像资料向游客全面介绍牟氏庄园的价值，并提供导游服务。

提供设计有品位与制作工艺水平精湛的旅游纪念品及与牟氏庄园历史、文化、保护相关的书籍。

第六节　对外宣传要求

广泛利用传媒，加强宣传力度，介绍文物古迹价值，扩大其知名度。

使用有效展陈形式，吸引不同年龄、文化层次的游客。

出版适合各类读者要求的书刊及音像制品，销售新颖的工艺纪念品。

提高导游和讲解人员的专业素质。

第五章　文物管理规划

第一节　基本原则与管理策略

一、基本原则

坚持“保护为主，抢救第一，合理利用，加强管理”的文物保护方针。

加强管理，监控防治自然破坏，防止人为破坏是有效保护和合理利用牟氏庄园的基本保证。

各级政府要重视牟氏庄园的文物保护工作，将文物保护工作纳入国民经济和社会发展规划，从上至下地解决好文物保护管理机构的建设，是更好开展文物保护管理工作的有力支持。

二、管理策略

1. 加强管理机构建设，建立健全管理规章要求。

2. 根据《中华人民共和国文物保护法》，牟氏庄园的文物保护与管理应在管理方面落实下列工作：

深化文物管理体制改革，加强文物保护的机构建设和职能配置。

大力推进依法管理，依法行政，健全执法队伍，加大执法力度。

加强对牟氏庄园的文物保护工作的政策研究，制定更加科学、合理、严密、完善的规章、制度、政策和规划；严格执行文物保护工作的报批、备案流程。

增加牟氏庄园文物保护及管理工作的科技含量，充分利用现代科技成果与手段，提高文物建档、保管、保护、展览、信息传播和科学研究水平。

强化牟氏庄园文物档案的收集、汇编、管理，包括历史文献汇集、现状勘测报告、保护工程档案、检测检查记录、开放管理记录。

积极普及牟氏庄园的文物知识，宣传文物的历史、科学、艺术、文化价值及其重要作用，提高全民族的文物保护意识，努力完善以国家保护为主、动员全体社会共同参与的文物保护体制。

在确保文物安全、完整的前提下，合理、有效引导各级单位、社会居民正确使用，有效发挥文物的社会价值和经济价值。

第二节　管理机构

一、管理机构

（一）管理机构基本策略

牟氏庄园所有文物均应由文物部门直接负责管理。

加强文物管理力度，完善管理机制和机构体系，增加管理人员和设施；尽快组建档案资料库、监测站、专业研究机构，并与地方相关专业机构合作。

建立健全从业资格认定程序，严格筛选文物保护从业者。

完善机构体系、完善专业培训机制、完善奖惩机制。

主要机构、主要人员应保持相对稳定，业务相对独立，确保管理保护机制不因人员机构变动而变动。

（二）队伍配置

适当增加文物保护专业人员编制数量。

加强文物本体保护、环境监测、考古等专业研究人员的引进与培养。

根据规划增设的文物信息管理、检测监测分析、游客接待服务中心等部门要求，调整细化专业分工与管理人员配置。

聘用或邀请国内外文物保护、胶东民俗文化领域专家，建立文物保护专家库。

（三）岗位管理

岗位责任：优化管理结构，明确岗位责任。

资质培训：保护管理机构的主要负责人要分批接受系统培训，并取得文物行政主管部门颁发的资格证书。

提高所有管理人员素质，并实行保护管理人员持证上岗制度。

（四）人才培养

通过派遣保护人员参加国内外各种培训课程，提高保护专业人员的理论水平及专业素养。

与国内国际其他保护组织机构建立人才交流计划，了解最新的保护动态，提高文物保护与管理的水平。

建立保护与研究的创新体系，吸引全社会各类社会科学和自然科学的力量投入。

二、管理规章

1. 以《中华人民共和国文物保护法》《山东省文物建筑保护条例》为依据，制定牟氏庄园文物保护的管理规章和条例。

2. 管理规章应以确保本保护规划为主要目标。

3. 管理条例主要内容包括以下几点：

建立健全牟氏庄园文物本体及相关保护建设工程的论证和决定程序制度；

建立健全在牟氏庄园周边范围内进行小型干扰工程与措施的论证和决定程序制度；

建立健全对文物及其环境的日常监测、定期普查、维修保养和隐患报告制度；

建立健全对社会活动及大型民俗活动的组织、管理制度；

建立健全文物开放强度决策的论证和决定程序制度；

建立健全各类灾害及紧急突发事件应急管理预案及预防管理制度；

建立健全奖励与处罚制度，包括保护范围和建设控制地带内对违章行为的处罚和对支持管理、加强保护行为的奖励。

三、管理设施

文物管理办公用房设置在牟氏庄园东南侧场地办公院落内，主要功能为日常办公用房、办公辅助用房。

游客管理用房位于日新堂第一个院落内，主要功能为售票、出入管理、安防用房等。

同时还有旅游产品销售用房位于庄园院落各处。

工作用房均设内、外部有线电话及网络宽带，所有展厅均设有内部有线电话，游客管理服务部门配备无线对讲机，重点展厅增设摄像监控设施，重要展品展示柜增设红外线报警装置。

第三节 日常管理

1. 文物保护单位牟氏庄园的日常管理主要由栖霞庄园管理处负责。

2. 日常管理工作的主要内容有以下几点：

保证安全，及时消除隐患；

记录、收集相关资料，做好业务档案；

根据史料开展深入的学术研究工作；

开展日常宣传教育工作；

日常旅游管理工作。

3. 建立对自然灾害、文物本体与载体、环境以及开放容量等监测制度，积累数据，为保护措施提供科学依据。

4. 做好经常性保养维护工作，及时化解文物所受到的外力侵害，对可能造成的损伤采取预防性措施。

5. 延伸展陈内容，改进展陈手段，扩大展陈影响。

6. 建立定期巡查制度，及时发现并排除不安全因素。

第四节 宣传教育计划

一、宣传教育目的

在科学保护的前提下，通过宣传教育，充分发挥牟氏庄园的教育、文化和宣传作用，普及文物保护相关的法律法规，让更多人分享牟氏庄园蕴含的历史价值，认识到其保护工作的重要性和紧迫性，提高公众的文物保护意识。

二、宣传教育的主要对象及目标

针对所在地各级政府、机关单位各级领导，明确文物保护的意义、原则及与城市发展建设的关系。从而使保护工作能够持续地得到各级政府及各部门的支持。

针对文物保护主管部门，明确文物保护的意义、原则与各环节工作，从而保障文物保护工作的顺利进行。

针对广大市民及外来人员，加强保护意识及行为要求的宣传工作，确保在对保护对象的使用中不对其造成破坏；通过多种手段展示和宣传文物古迹的历史信息和价值，使人们通过本区域的文物遗存能够尽可能深入全面地认识、了解这一全国重点文物保护单位的历史和人文积淀。

关注当地市民的切身利益，加强对地方市民关于文物保护和景区发展建设的宣传教育，保证保护工作、旅游发展与居民生活协调进行。

三、宣传教育的手段

建立牟氏庄园网站，加强传播能力。

编制适合于不同领域、不同读者、不同题材的各种宣传品，如介绍牟氏庄园文化艺术的通俗读物、VCD 光盘及其他电子出版物。

广泛动员社会关心并支持牟氏庄园文物保护工作，充分发挥新闻媒体和群众监督作用，增强人民群众对牟氏庄园保护意识，把牟氏庄园保护工作置于全社会的监督和支持之下。

通过积极的宣传教育，不断提高牟氏庄园的社会效益和经济效益，推动当地经济社会的全面、协调和可持续发展。

对于政府各级领导及居民的宣传教育应纳入政府各级管理制度要求中，并通过展览、科普讲座、各种媒体等形式进行深化；对于从事文物管理部门的员工应组织专业知识培训。

为文物设立的说明牌等设施应起到强化文物保护意识的作用，建立醒目的标识系统，更加有效地进行宣传和教育。

第六章　研究规划

第一节　专项研究

牟氏庄园应尽快建立专门的研究机构，以牟氏庄园作为研究基础，确定研究领域。牟氏庄园研究方向以地主庄园文化的形成、发展以及文化内涵、发展原因、社会意义和经久不衰的原因；发展牟氏庄园旅游事业的意义和措施等，在研究的深入上还要结合管理规划的队伍建设，设立专项研究课题，加强研究。

（一）封建地主庄园文化研究

在现有调查和历史文献研究的基础上，积极组织和鼓励研究人员参加，充分发掘、整理和揭示的历史价值和内涵。及时出版相关研究成果。

（二）牟氏庄园历史研究

发掘整理牟氏庄园及栖霞地区的政治、经济、文化历史，作为进一步开展研究的重要资料基础。

（三）牟氏庄园文物保护工程

针对文物建筑即将开展各项文物保护工程，设立文物保护工程专题，及时整理出版。

（四）环境保护研究（略）

第二节　研究计划

在完善牟氏庄园建设的基础上，充分考虑开展研究所需人员与相关设施，在管理用房中预留研究用房。

制定相关研究资料的收集与整理计划，合理规划工作目标及制订工作计划，落实资金与人员配备。

学术交流规划目标：定期举办各种形式的研究会议及学术研讨会。

学术出版计划：根据现有资料、编辑专著，传播系统的牟氏庄园文化知识。继续针对学术会议，出版学术交流论文集。

信息交流平台建设：利用牟氏庄园文物信息数据库，加强文化的信息交流与资源共享；建设并利用牟氏庄园网站，发布牟氏庄园研究领域的最新成果，为相关领域的研究学者提供一个良好的交流平台。

第七章　规划实施分期

第一节　分期依据

文物保护工作的方针与原则。

规划措施所针对的现状问题的严重性与紧迫性。

文物保护工作的程序。

地方发展计划及财政可行性。

第二节　分期实施内容

一、规划分期内容

保护工程：包括文物本体保护、文物建筑保护工程、石质文物保护工程、古树保护工程、附属配套建筑改造整治工程、日常检测和保养等项目。

展示工程：包括文物展陈设施的改造、陈列室的建设、游客信息服务中心的建设、传播网站的建设、游客服务设施的建设等项目。

环境整治：包括土地使用权的收回、村镇的改造和建设、给排水改造、绿化植被、环境景观整治等项目。

基础设施：包括道路改造工程、基础管网设施工程、电力系统、消防系统、排水系统、安放系统的改造等项目。

学术研究：包括课题计划、人才培养、学术交流、出版计划、网站建设等项目。

其他相关规划和配套建设工程，包括办公区的改造、道路整治、停车场建设、游客服务中心的规划设计等。

各期实施重点工程可根据工程进展和发展需求调整。

二、近期（2010 年底—2015 年底）实施要点及主要内容

1. 实施文物建筑保护修缮工程，开展保护范围以内土地征购、设立保护区划桩界，完善资料归档，文物信息数据库建设；文物建筑保护工程、附属文物保护工程、日常检测和保养等项目。

2. 实施文物建筑保护修缮工程，首先开展抢救修缮工程和重点修缮工程。

3. 实施消防、防雷、安防等灾害防治工程。

4. 随同修缮工程完善文物档案记录工作，收集整理历史文献及实物遗存，开展相关的课题研究。

5. 实施对保护区划的调整与界定，并落实管理要求。

6. 开展牟氏庄园的基础设施改造建设。

7. 开展建设控制地带的服务、展示建筑工程。

8. 开展牟氏庄园区域周边绿化美化工作。

9. 调整并完善牟氏庄园展示系统。

10. 有计划地调整管理机构，并进行人员培训。

11. 开展针对牟氏庄园建设控制地带的用地性质调整、道路改造和街区风貌治理工程。

三、中期（2016 年初—2020 年底）实施要点及主要内容

1. 完善牟氏庄园基础设施建设。

2. 完成拆迁，安置牟氏庄园西侧古镇都村的居民，完成保护范围以内土地征购。

3. 收集整理牟氏庄园的历史资料，完善牟氏庄园的展示空间、文物存储空间和办公空间。

4. 广泛收集民间散落的文物及有价值的建筑构件、石雕、砖雕、木雕等物品，丰富牟氏庄园展陈资源。

5. 进一步完善管理机构建设，提高工作人员素质。

6. 逐步发展文化旅游项目，完善牟氏庄园相关旅游设施的建设与运营。

7. 控制、清除有损环境的污染源。

8. 完善牟氏庄园区域绿化工程。

四、远期（2021 年初—2030 年底）实施要点及主要内容

1. 对牟氏庄园主体建筑进行深入研究，对牟氏庄园的历史关系进行研究，进一步丰富展陈内容，提高展陈技术手段。

2. 在历史资料收集完备的情况下，按照规划对牟氏庄园进行恢复原貌工程。

3. 对牟氏庄园建筑的长期保护和日常维护工程。

4. 持续检测牟氏庄园的文物状况，在进行日常保养等相关工作的同时，根据需要进行各类修缮工程。

第八章　规划图

牟氏庄园原有保护区划图

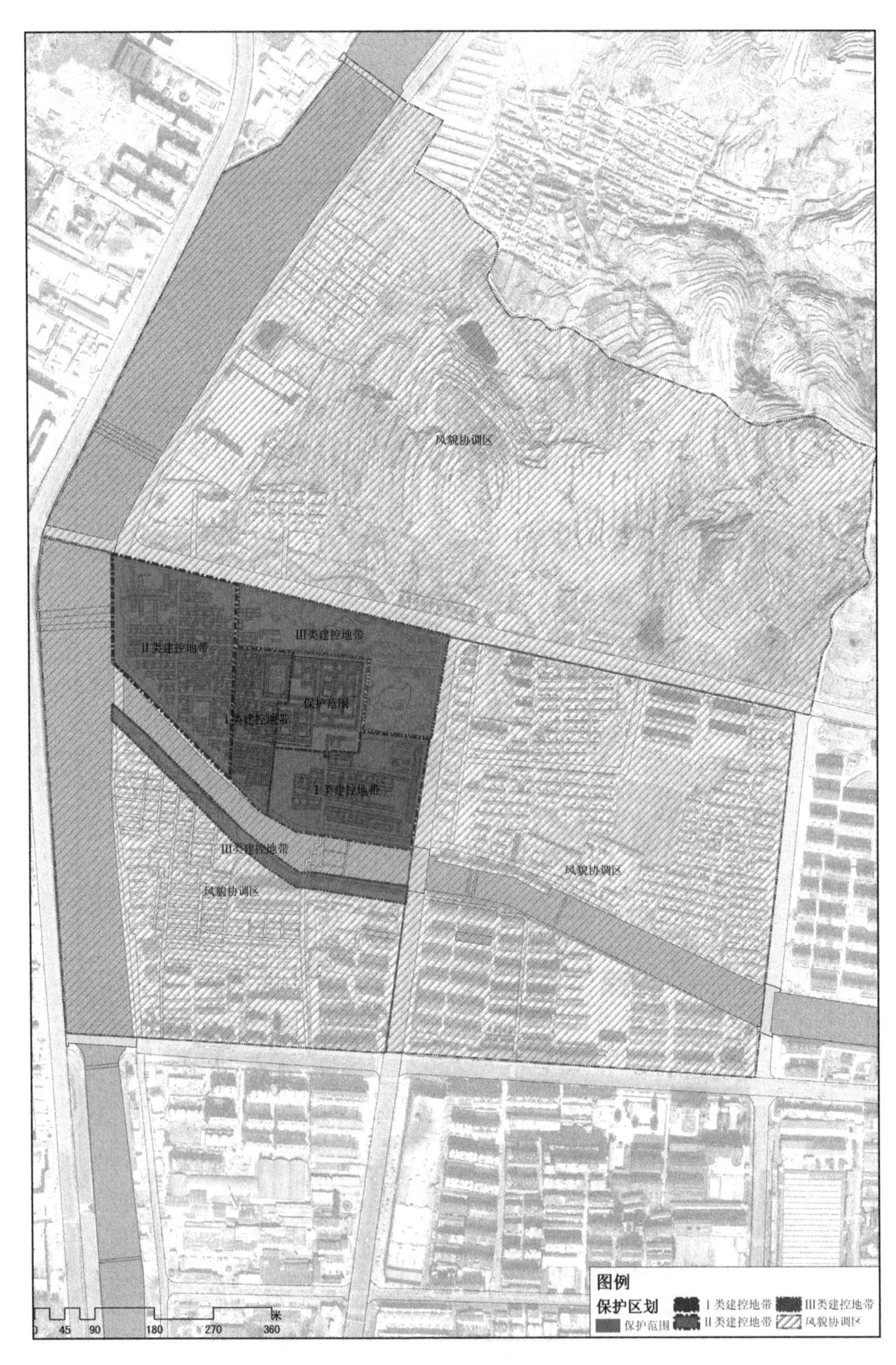

牟氏庄园保护区划调整图

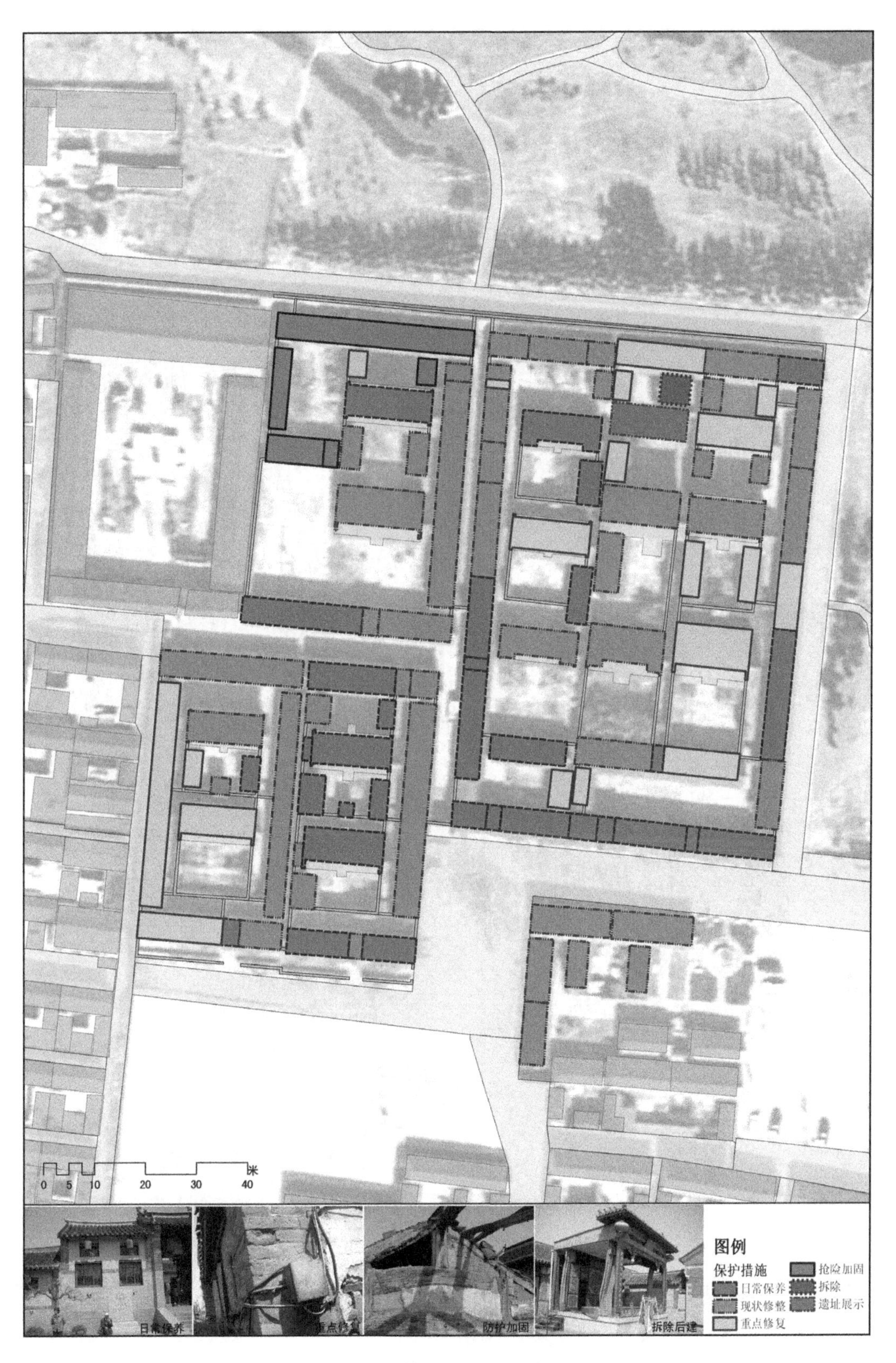

牟氏庄园建筑保护措施图

牟氏庄园建筑功能调整示意图

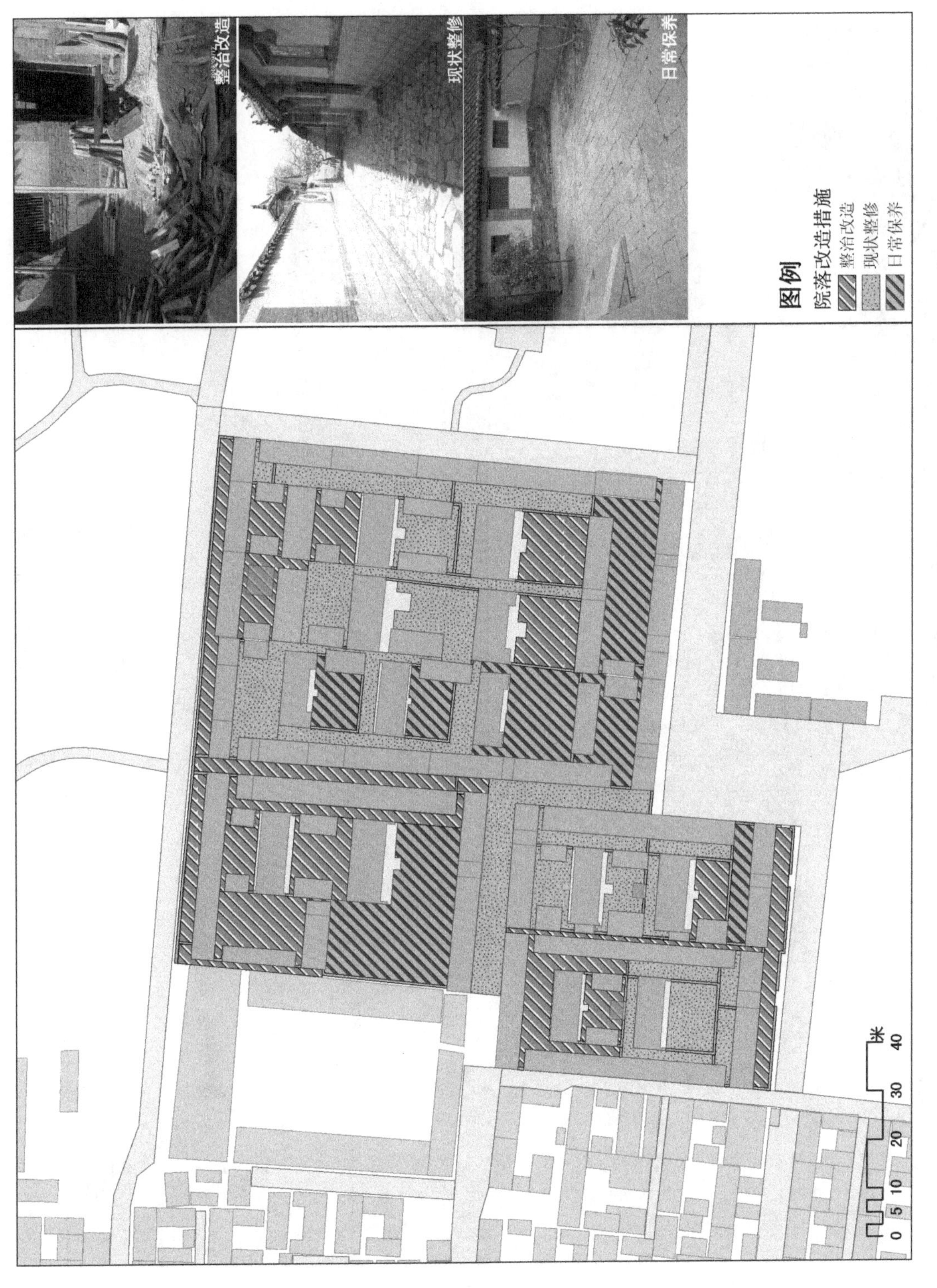

牟氏庄园院落改造措施图

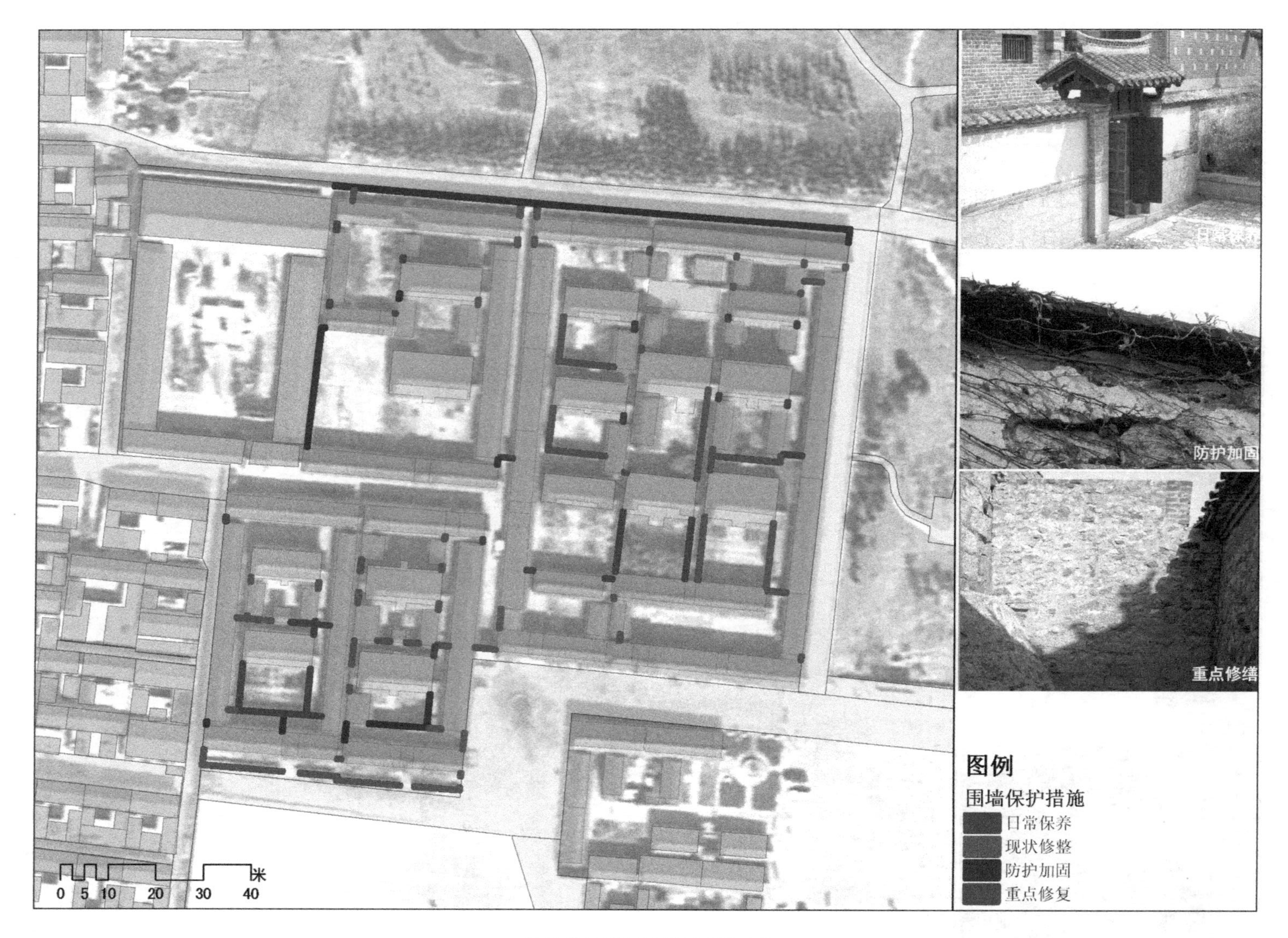

牟氏庄园围墙保护措施图

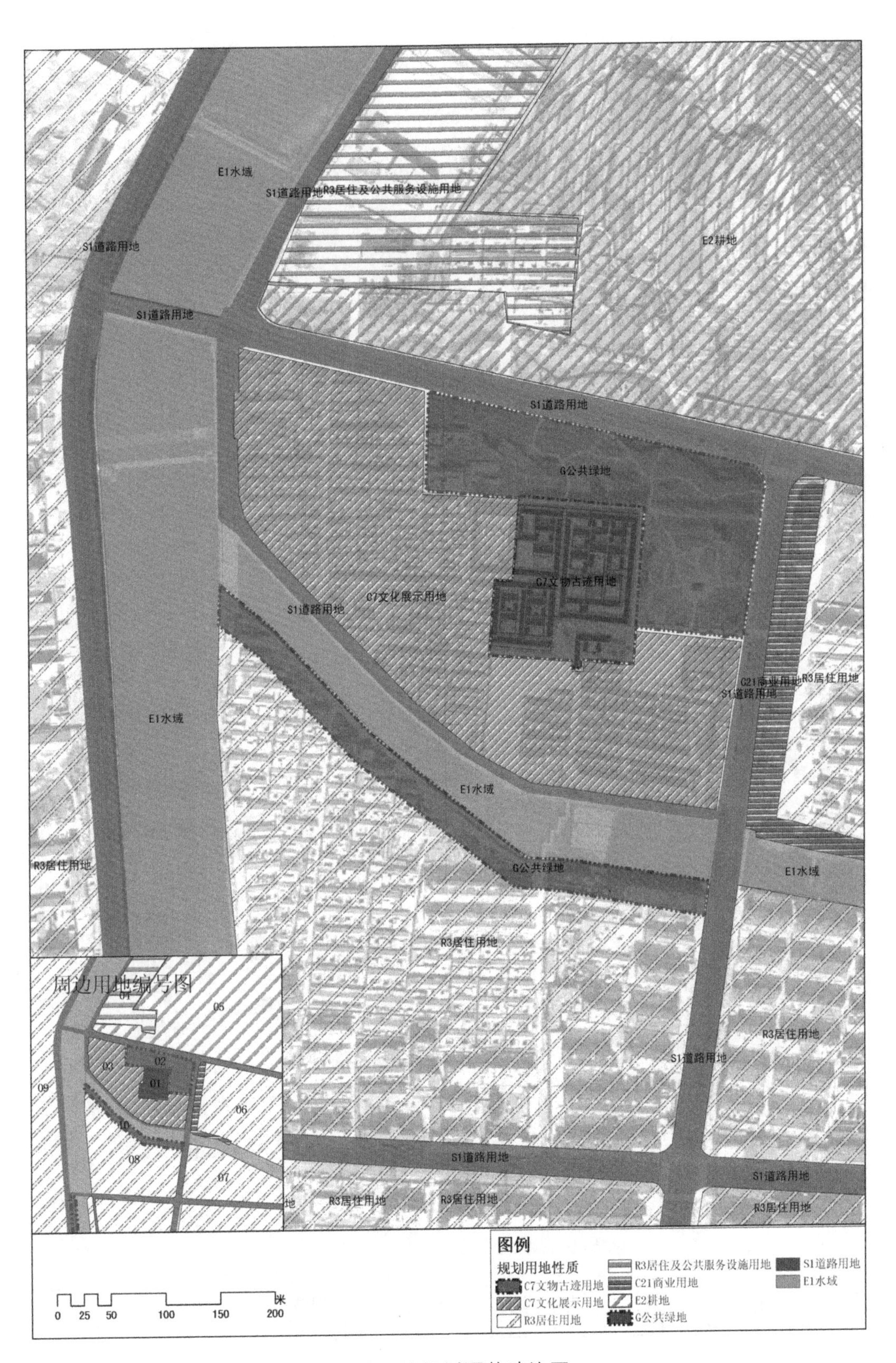

周边用地规划调整建议图

牟氏庄园周边建筑改造建议图

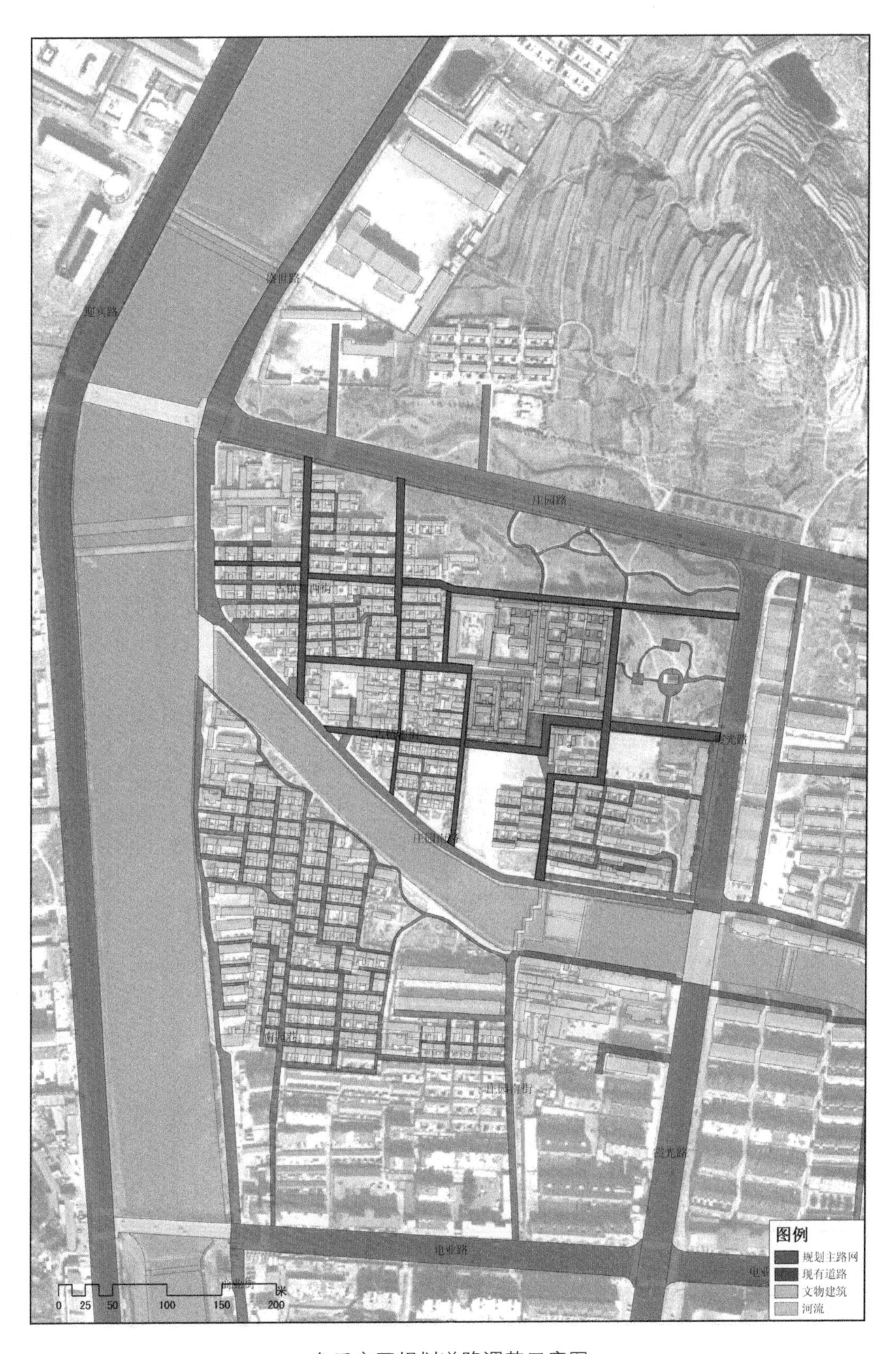

牟氏庄园规划道路调整示意图

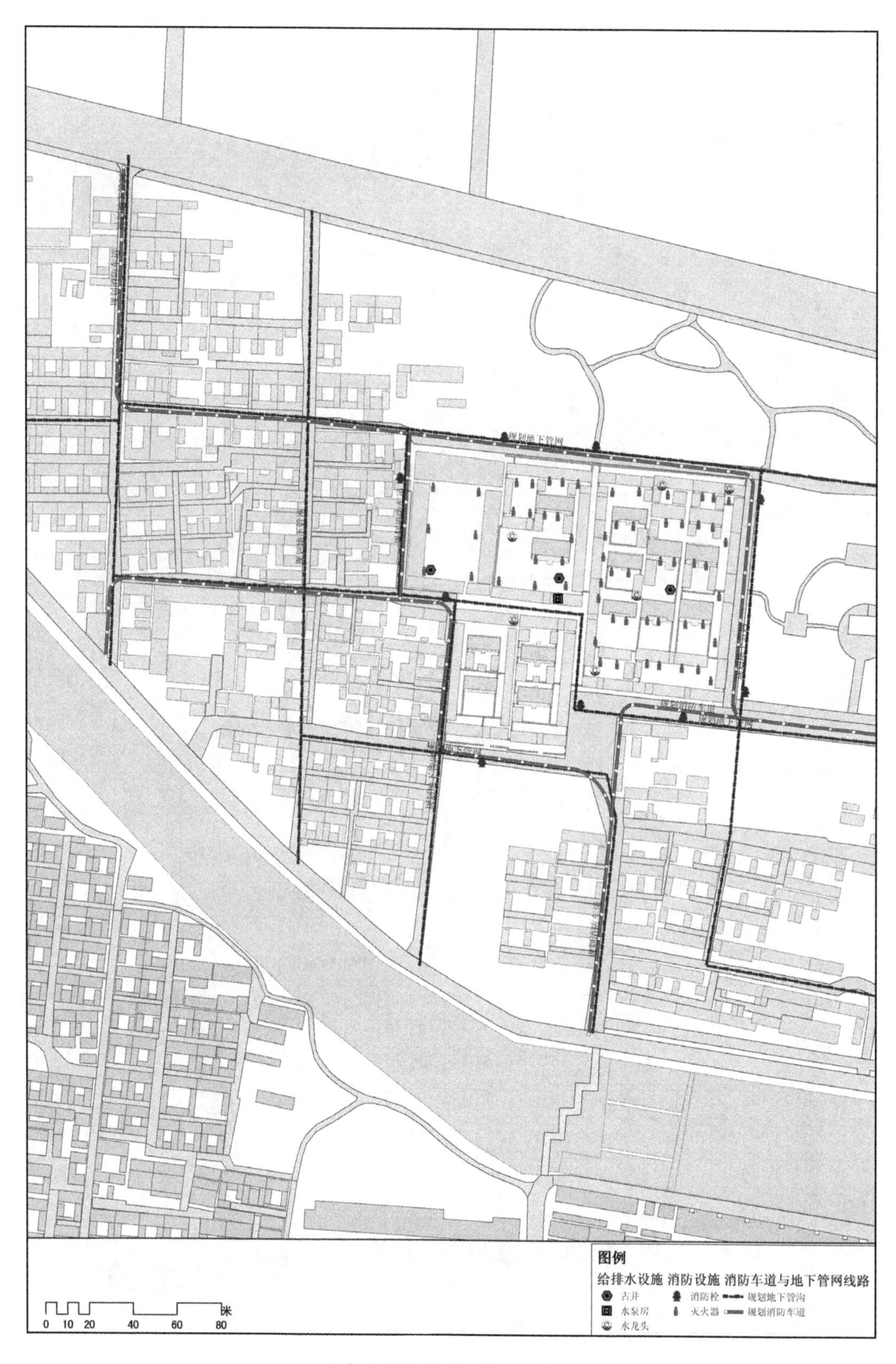

电力及消防设施改造示意图

牟氏庄园展示利用规划建议图

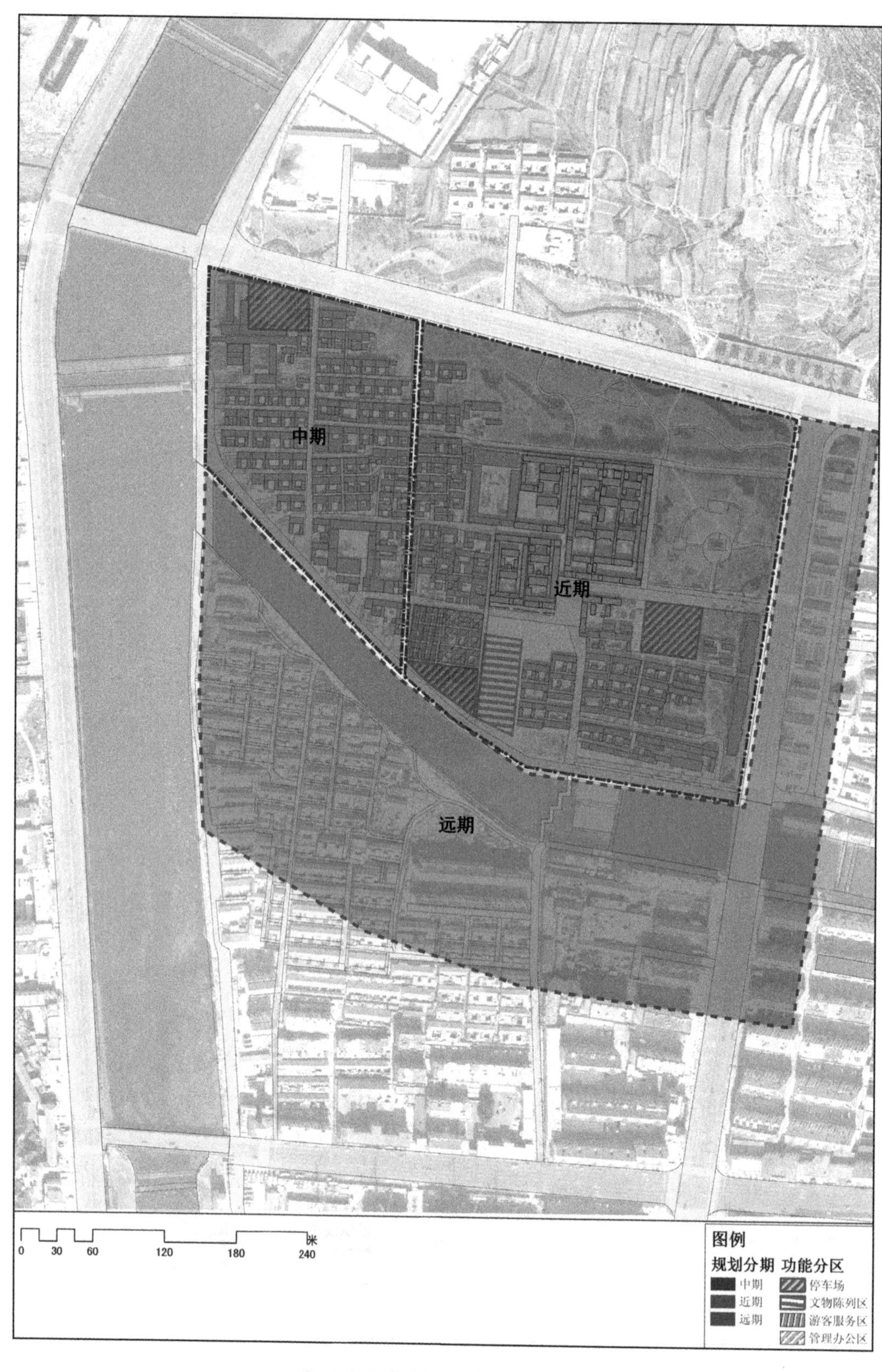

牟氏庄园规划分期实施建议图

后记

感谢山东省栖霞文物旅游部门提供的大力支持。感谢栖霞市文物旅游部门的范宝敏、解健、樊军等同志长期以来的支持，感谢牟氏庄园管理处在规划编制期间每一次的细致安排和热情接待。

从2010年至2011年，栖霞牟氏庄园总体保护规划项目历时两年顺利完成。非常感谢在清华大学设计院工作期间吕舟教授提供的多样化保护实践项目。他一方面指导我们开展研究调查工作，另一方面也大胆放手让我们研究团队独立去摸索。从问题出发，创造性地去解决问题。感谢一同参与本次项目研究和创作的魏青、项瑾斐、刘煜、杨绪波、刘奇等同事。为把本次项目成果获得广泛好评付出了辛勤劳动和专业智慧。

本书虽已付梓，但仍感有诸多不足之处。对于北方地区庄园类民居建筑的研究仍然需要长期细致认真的工作。山东省丰富的北方民居建筑实物遗存仍需要持续开展调查和研究。至此再次感谢为本书出版给予帮助、支持的每一位领导、同事和朋友，感谢每一位读者，并期待大家的批评和建议。

朱宇华

2022年10月